U0320756

小房子住成大豪宅

郑一文 / 绘著

长江出版传媒｜长江文艺出版社

目 录

PART TWO

巧用空间，小房子变成大豪宅

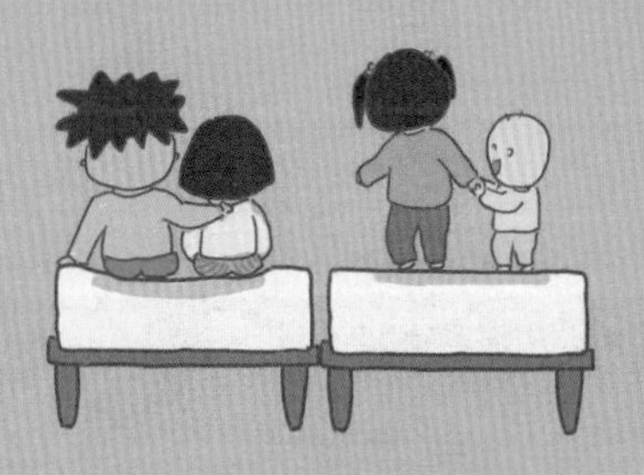

PART THREE

亲子互动，小屋子化身游乐场

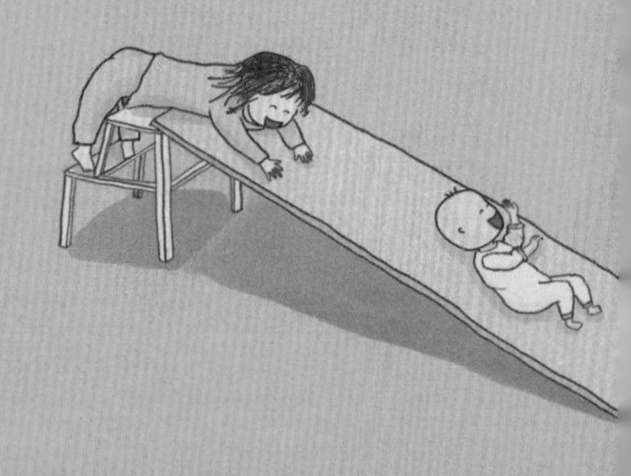

PART FOUR

细心整理，多家务也会变少少

后记

序言

四年前，我正式成为"全职妈妈"。

当妈妈的一项重要工作，就是打理小家。

等自己动手去做，才发现这件事最终要"无师自通"：

想向长辈们请教生活经验，很多时候被现代家具家电轻松搞定；
想借鉴国外家居收纳智慧，很多时候发现生活习惯无法直接复制；
想偷师专家的管家之道，琢磨半天才意识到，人家没愁过两个以上的娃。

最终，这件事还得靠自己。

我在自家50平方米的小天地，自行摸索。还没谈得上一套见解的时候，某写作平台举办"全职妈妈写作"。我想，当妈唯一能拿得出手的就是自己的家。或许我可以尝试一下。

因为这场小小的比赛，“家里蹲”的我找到全职妈妈小小的自信。

刚开始画，为了不被孩子们发现，我决定从零开始学习数码绘画。

大概经历一年多时间，我开始感受到绘画小家的自由。慢慢地，我可以顺畅地表达年轻夫妇打理小家的所见所想。

我把这些画PO在社交平台，开始有了自己的粉丝，当中包括本书的编辑。于是，就有了这本小书。

编辑说，好好谈谈画小家的初衷。

我想看看，一个真实的、活在当下的年轻小家样本。

PART ONE

用心收纳 小地方能派大用场

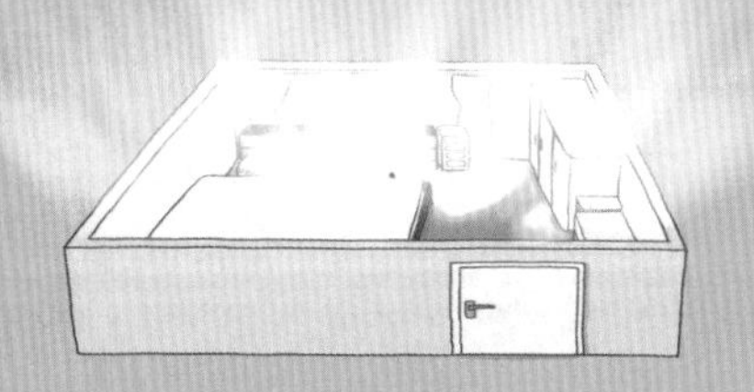

杂物柜，多藏少露

看别人家是怎样收纳杂物

只剩下门厅小角落

放弃吧~

大衣柜占地不到1平方米
来当杂物房也不错

把不常用的器物全部塞进这里

可是，不是每个来访的客人
都懂得欣赏

如果没有杂物柜它们放哪里？

等换大房子
小家就不再需要它

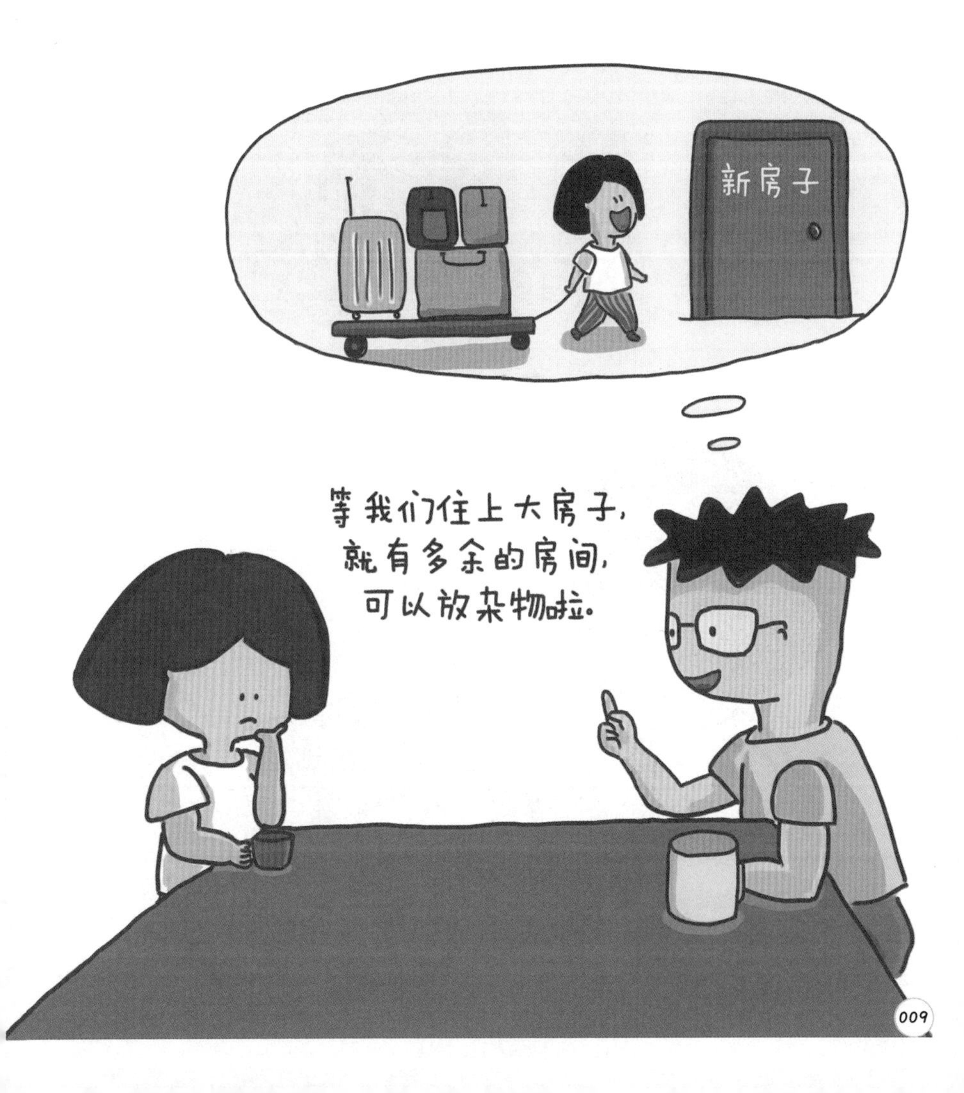

新房子
等我们住上大房子，
就有多余的房间，
可以放杂物啦。

认真想想
未来哪有多余的房间

还是杂物柜好用
让我拥有井井有条的家

某天我在翻阅
家居杂志
本期专访
建筑设计师
位置：台北市中心
面积：100+M²三居室
人口：夫妇2人+
成年子女2人
咦！
餐桌旁边是
一排储物柜！
哈哈哈！
我家也是耶！

小抽屉，方便使用

让我回想一下
竖柜子蛮实用的

让我回想一下
横抽屉更为顺手

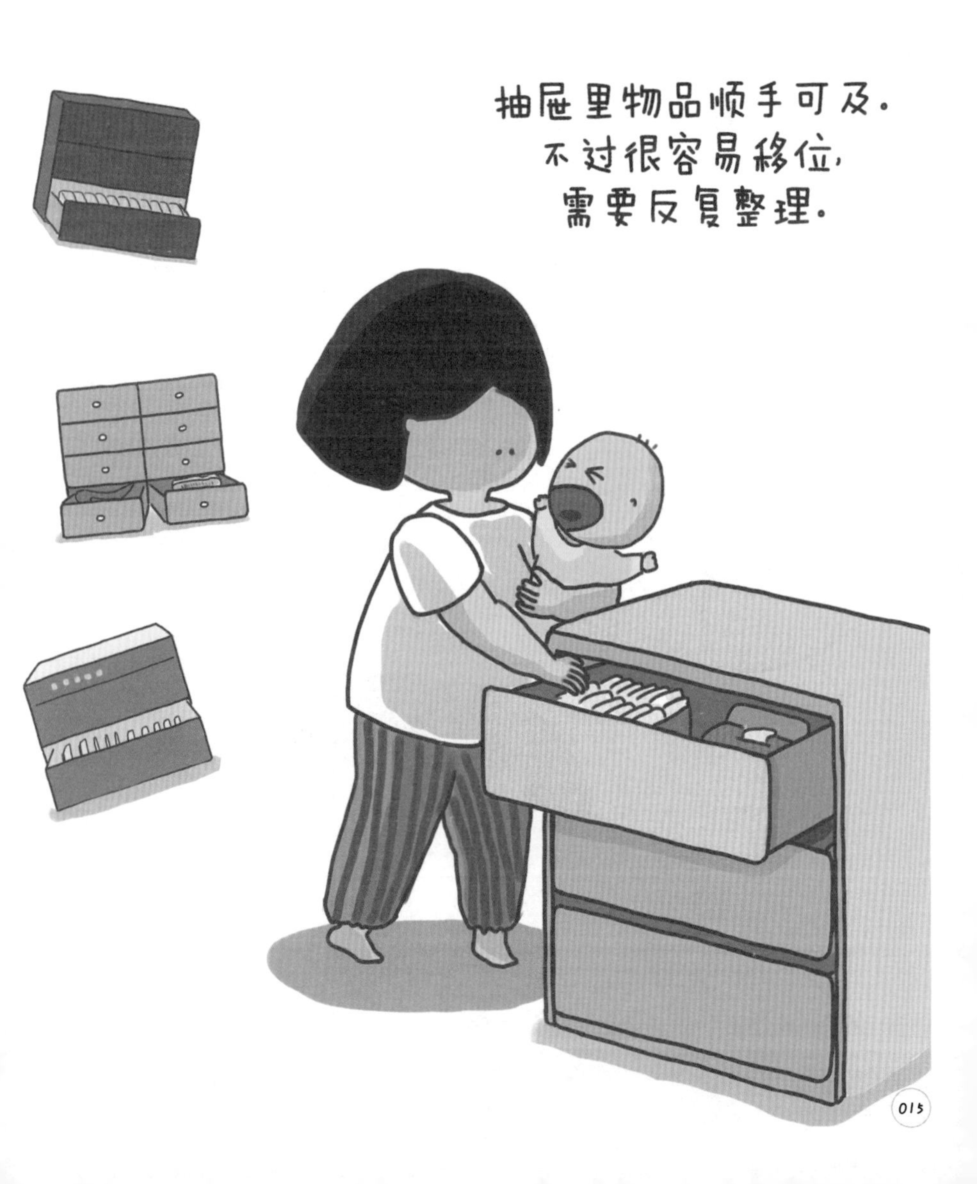

抽屉里物品顺手可及，
不过很容易移位，
需要反复整理。

柜子抽屉都实用
哪一种更优？

每一种收纳柜都有自己的优点

对比一下应用场景

柜子远远多于抽屉

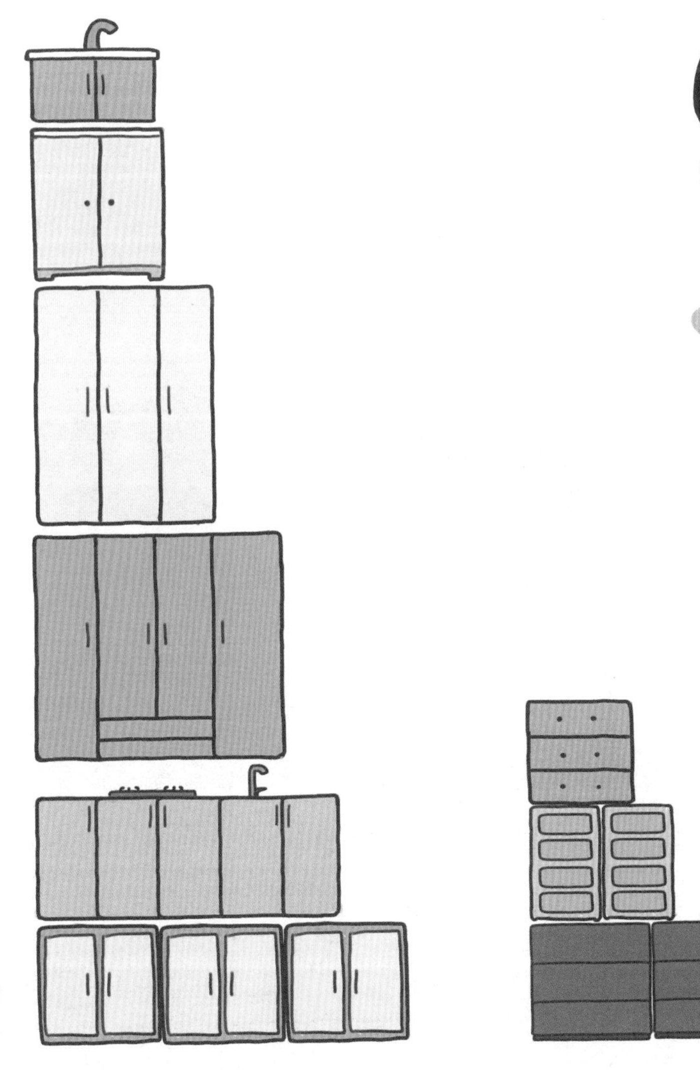

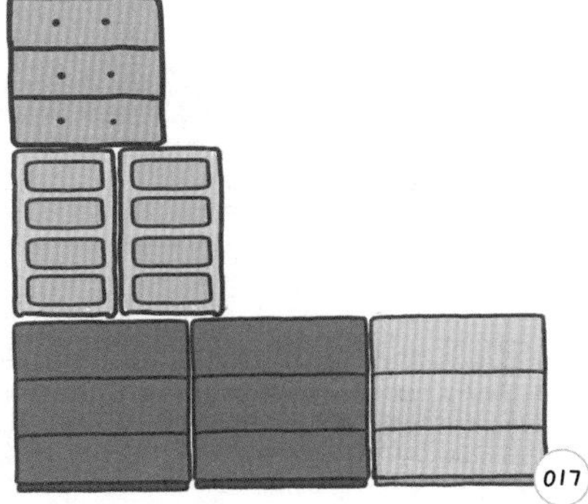

抽屉虽顺手
但其高度严重受限

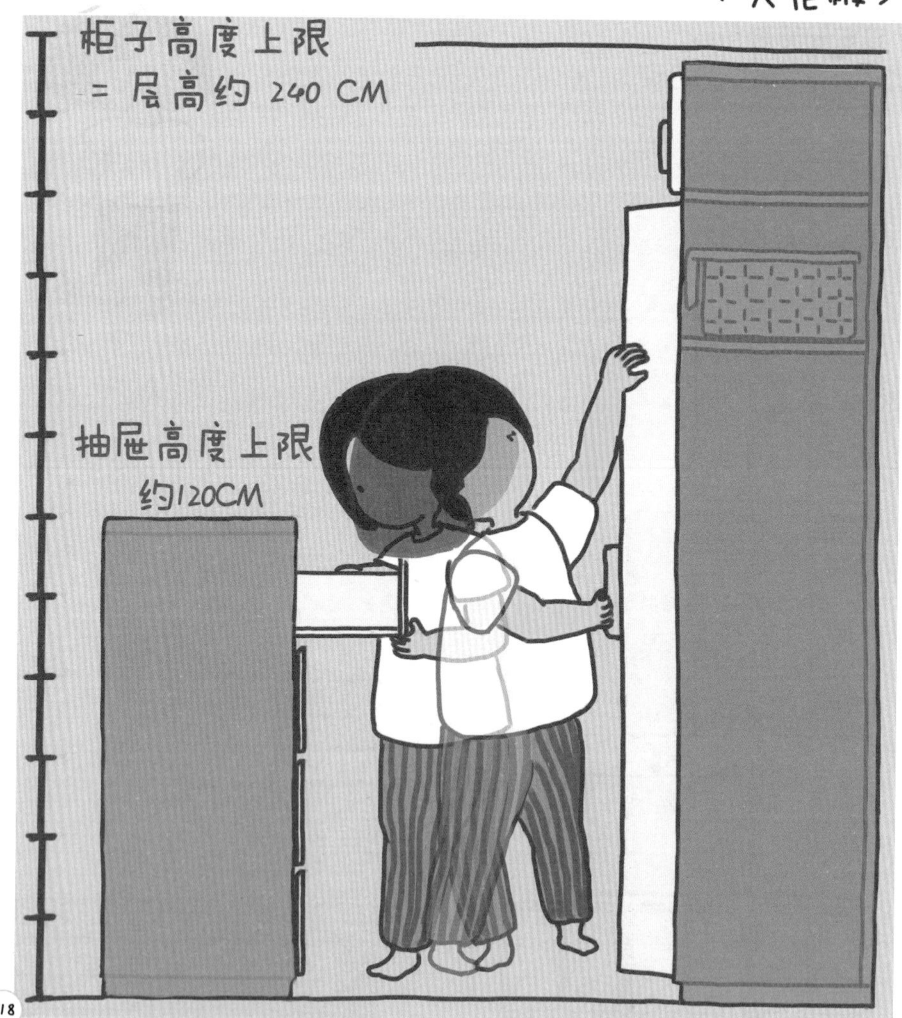

对比造价成本
竖柜子更经济实惠

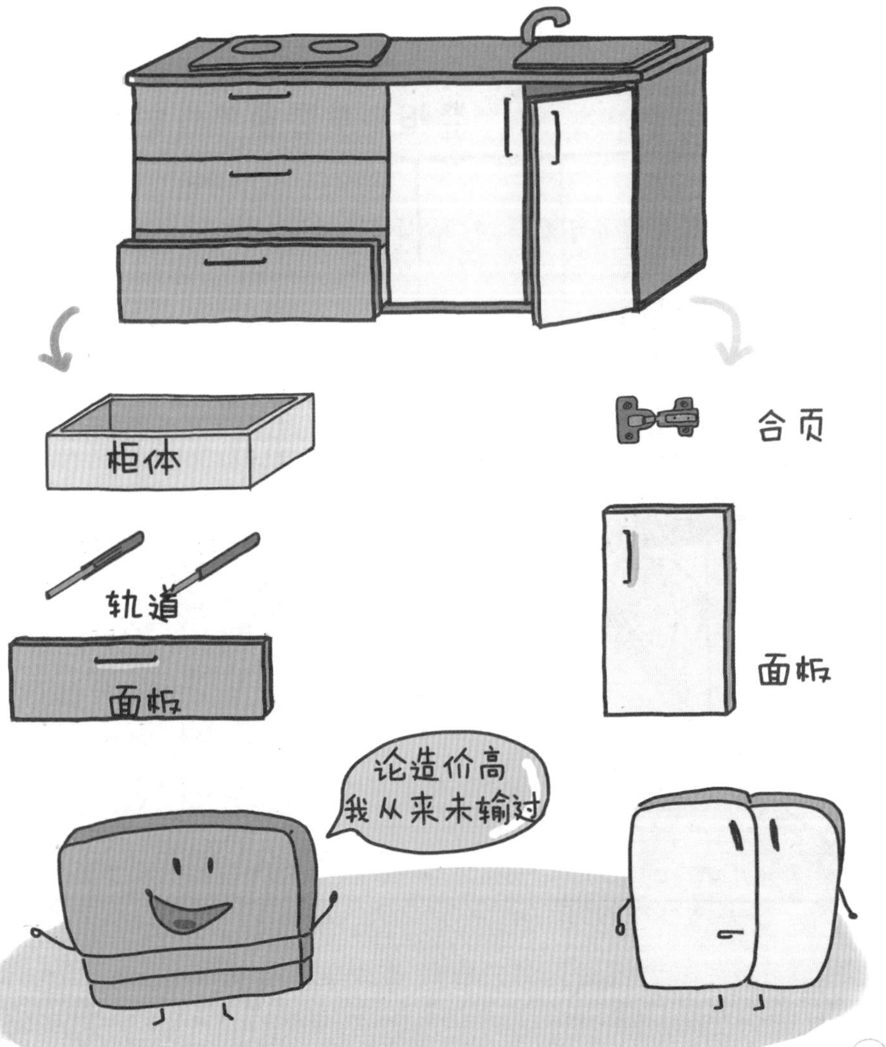

比起豪华抽屉
竖柜子更适合经适小家

因为顺手，
杂物就会堆放在抽屉桌上。
竖柜子更容易保持家居整洁。

有时候使用柜子很费事

藏在柜子里的物件不便取放

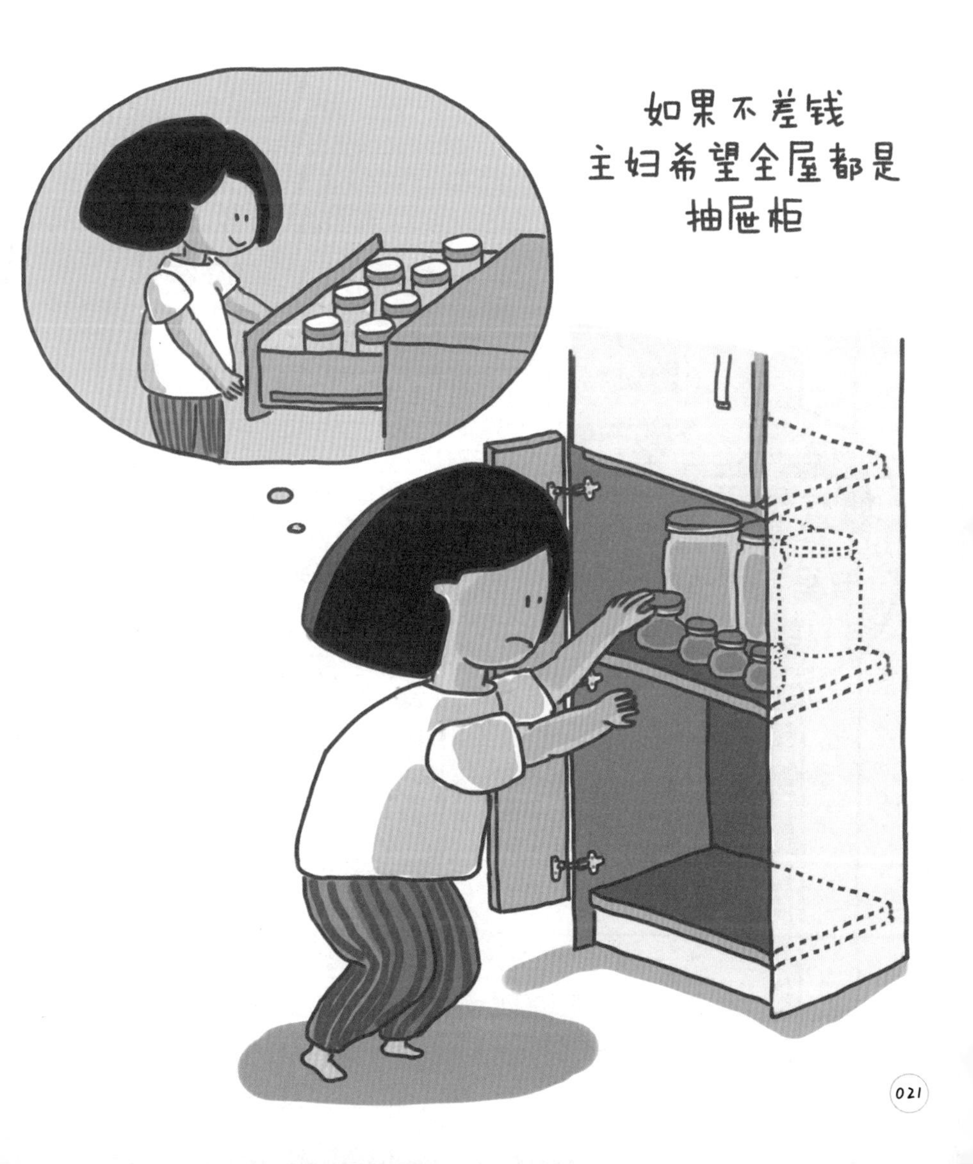

如果不差钱
主妇希望全屋都是
抽屉柜

要实现抽屉收纳
可以用低成本的办法

当当当！柜子+收纳篮

“经济版抽屉”诞生！

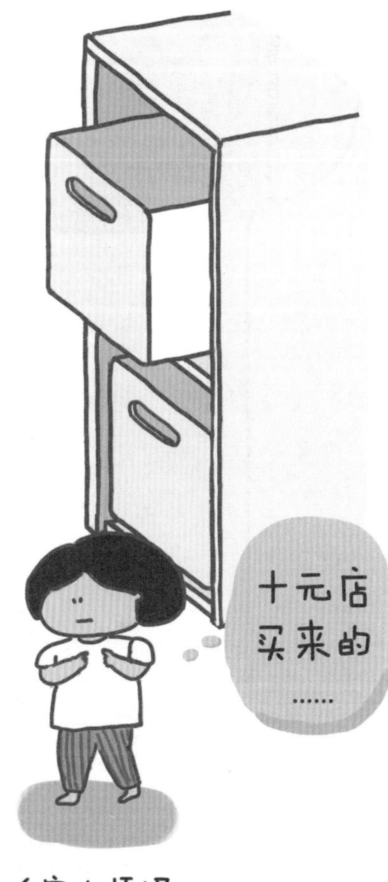

要点1：
“经济版抽屉”比抽屉便宜

柜子本身有防尘柜门，
里头“抽屉”无须严密，
随便一个篮子都可以充当

要点2：
“经济版抽屉”比柜子好用

虽然竖柜子储物容量大，但存在阴暗角落，
用“抽屉”储物更加一目了然。

要点3：
“抽屉”减少无效储物空间

柜子里不便取拿的位置，
容易出现物品乱堆放的情况。

原来小家有很多实用的柜子！

最强收纳柜＝
顶天立地柜+廉价"抽屉"

衣柜

门厅柜

玩具柜

细分区，一目了然

我们这边没有冬季，
家里不需要专门开辟
“冬季衣橱”。

不过天冷时候还得穿厚衣服。

穿一两次的外套，
往哪儿放都不合适。

我们现在不需要厚棉被。
妈妈赶紧找地方放吧！

没有冬季衣橱的小家，好费脑筋哦

生活在“大鸡腿”省
这些衣服够过一整年

到了清凉的冬季
衣橱增加几件厚外套就够用

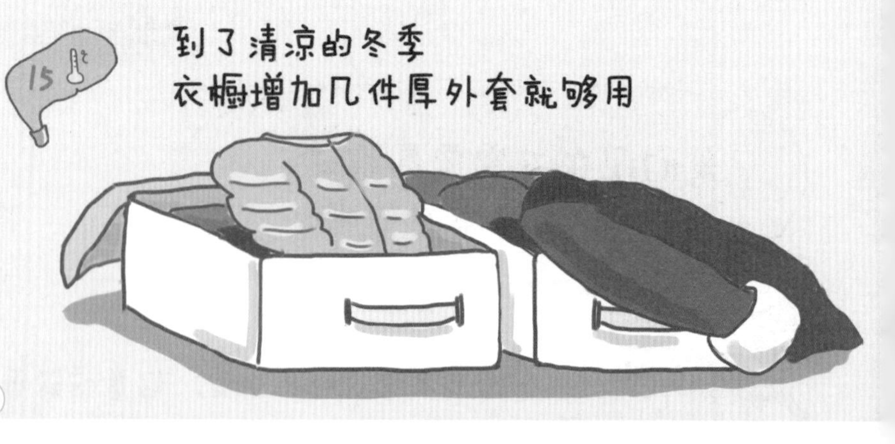

过去一年冬衣出场的时刻

生活在“大鸡腿”省只有两种衣服

薄衣服（一年四季都能派上用场）

厚衣服

回想夏天……
天热了
衣服要勤换洗
洗衣篮
这时候
闲置的门厅柜子
可存放冬衣棉被

回想冬天……
回到家准备脱外套
然而门厅已经乱糟糟
原先收纳在柜里的
厚衣棉被已经用上了
这时候
门厅柜就用来存放半脏衣物

利用门厅衣柜，妥妥过好一整年

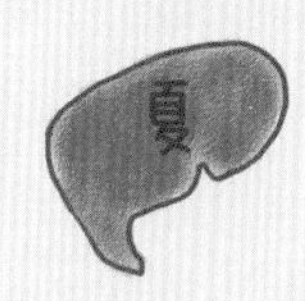
夏

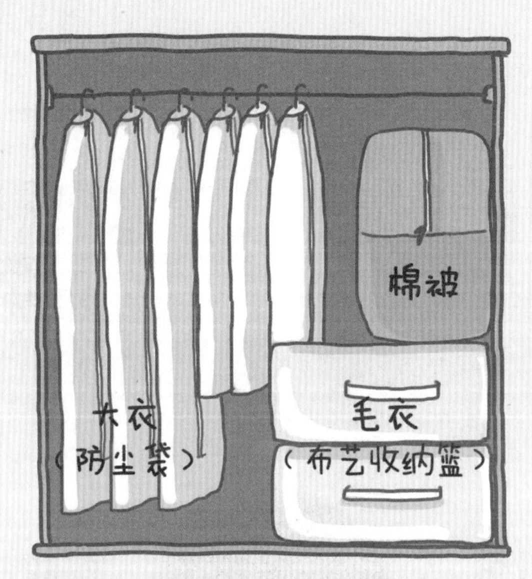
棉被
毛衣
（布艺收纳篮）
大衣
（防尘袋）

反季衣物
借门厅柜藏一藏

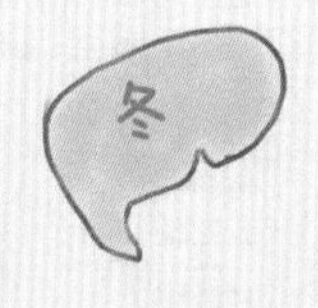
冬

毛衣棉被
取出来

空荡荡的门厅柜正好
拿来临时挂衣物

“懒人衣橱”一年四季都无须改动

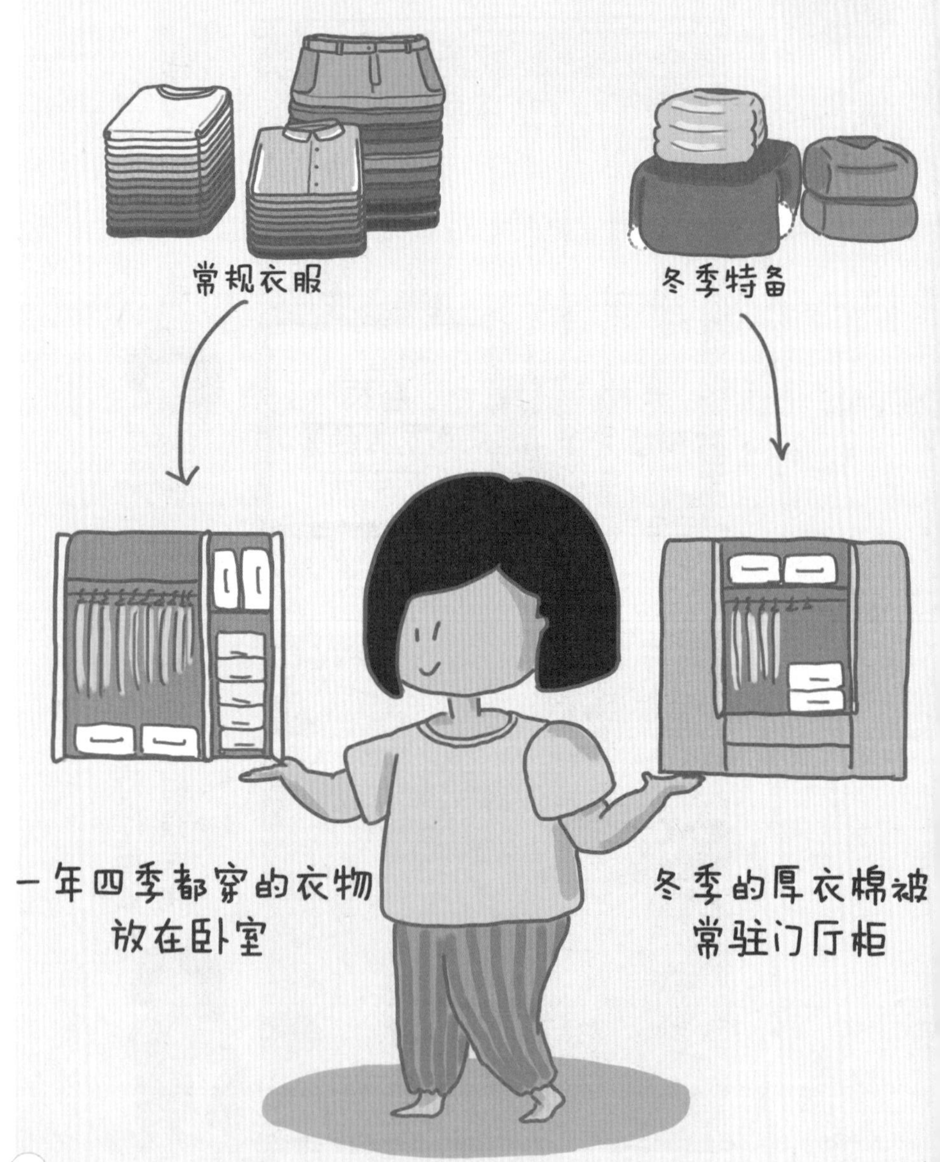
常规衣服
冬季特备
一年四季都穿的衣物
放在卧室
冬季的厚衣棉被
常驻门厅柜

卧室衣柜
门厅衣柜
你瞧
我们的衣柜无须
再整理
懒人是你!

一间卧室
能够容纳多少衣服？

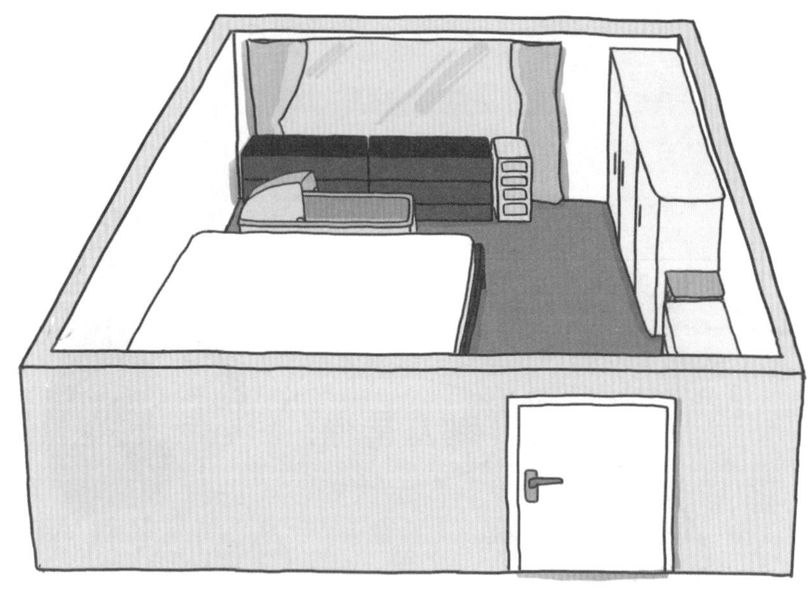

除了住人
卧室还要塞进
衣服！
很多衣服！！
超级多衣服！！！

刚搬进小家时，
空无一物的卧室明亮又宽敞。

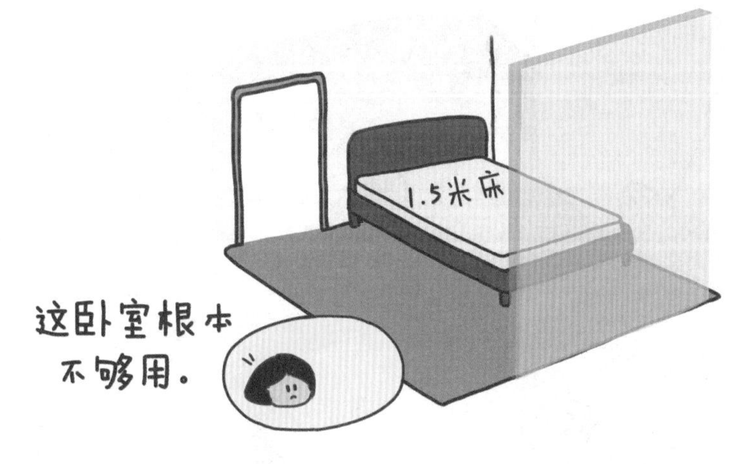

这卧室根本
不够用。

还没正式入住以前，
我自制等比例的平面图，
模拟一下能塞多少家具

两个人住刚刚好

每人都有自己专属的斗柜，
再加三门衣柜，收纳衣物无压力。

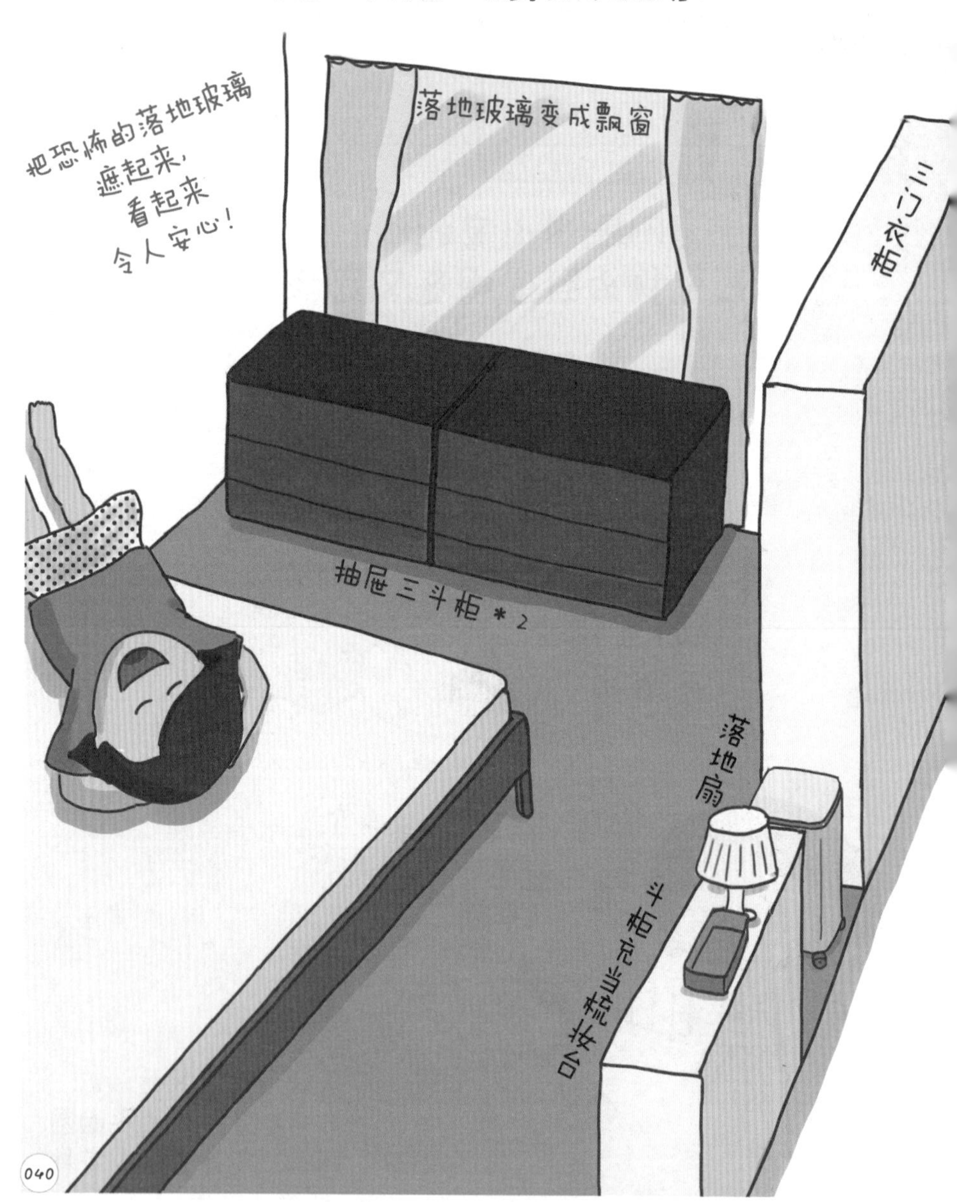

落地玻璃变成飘窗
把恐怖的落地玻璃
遮起来，
看起来
令人安心！
三门衣柜
抽屉三斗柜＊2
落地扇
斗柜充当梳妆台

大家好，
我是姐姐！

姐姐从小住在
奶奶家，
偶尔回来小住。

我家的床铺是白色的哟~
上面还有可爱的三只小象~

姐姐的大部分衣物
不在小家。
一张床够一家三口用。

在第二个孩子到来之前，
小卧室发生重大变化——

姐姐正式归来，
带回来很多衣服。

哪有地方放啊？

LET'S断离舍，刚好腾出一个衣柜给姐姐。

这个地方，
囤放纸尿片。
全新塑料抽屉柜，
专门放孩子的当季常用衣物。

妈妈，我们给BB买张小床吧！
4口之家
（即将登场哦~）
BB出生以前，得提前准备好育儿用品。

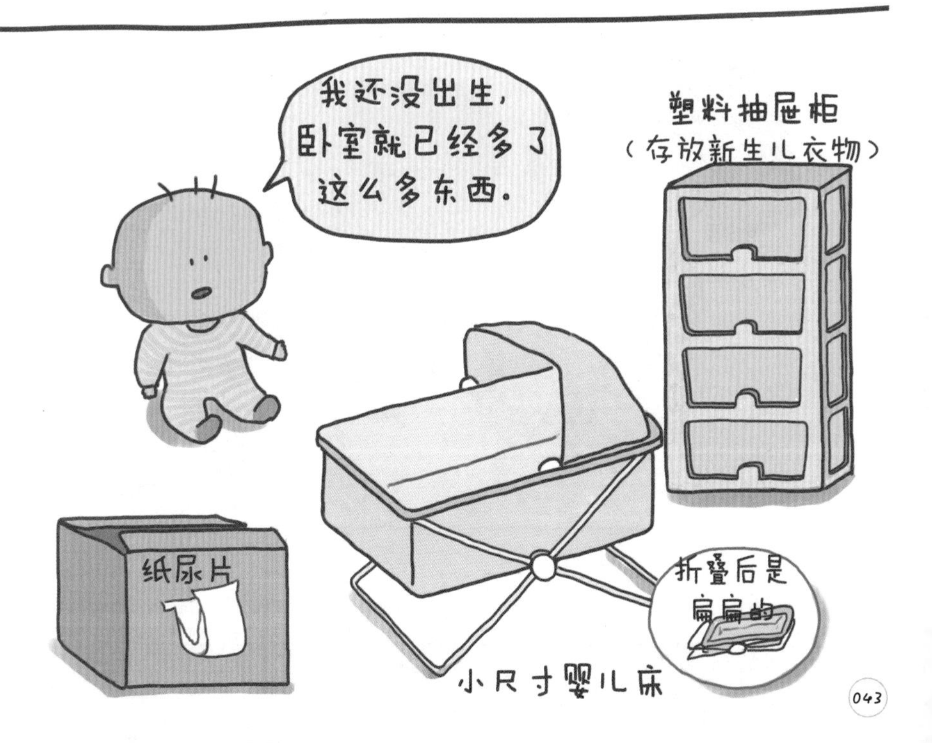
我还没出生，卧室就已经多了这么多东西。
塑料抽屉柜
（存放新生儿衣物）
纸尿片
折叠后是扁扁的
小尺寸婴儿床

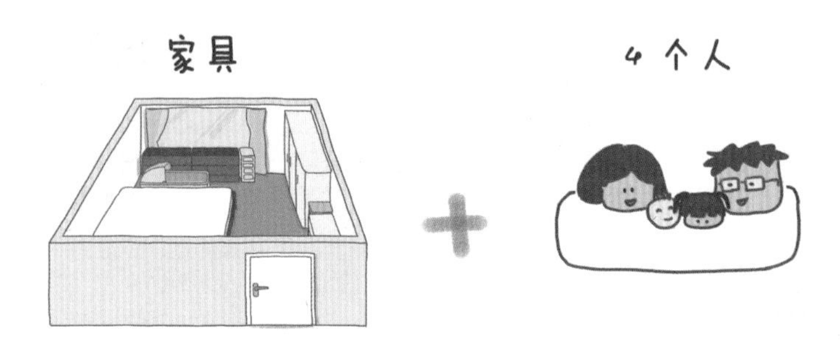

小卧室彻底塞不下!!!

四个人睡一间房是不可能的。

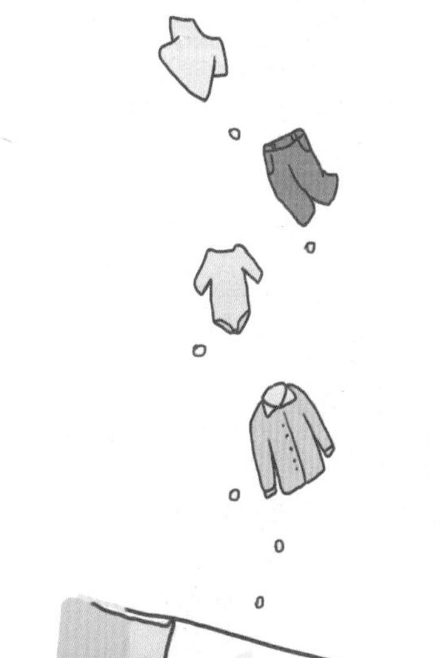

不过，
把四个人的衣物
纳入一间房是
可行的。

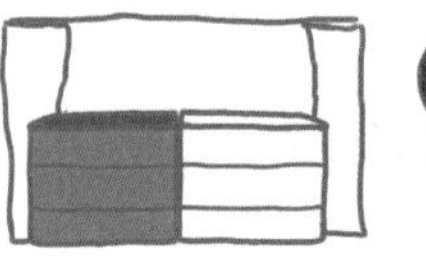

大家好，这是我的衣橱！

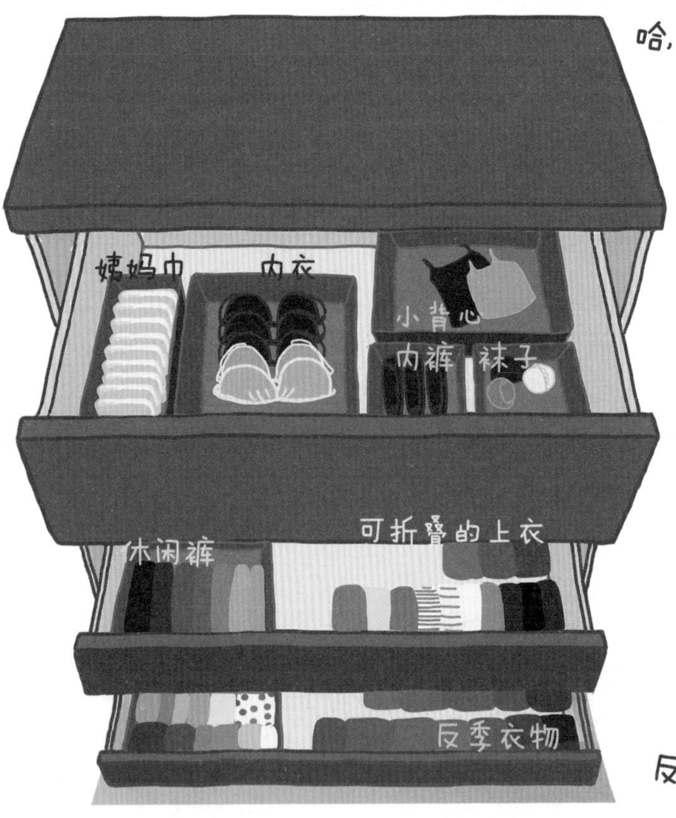

姨妈巾
内衣
小背心
内裤
袜子
可折叠的上衣
休闲裤
反季衣物

哈，姨妈巾在这儿

今天就这样搭

反季衣服放最底

我的衣橱在右边

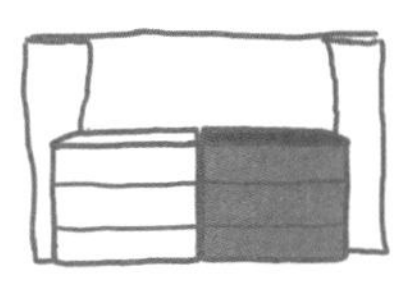

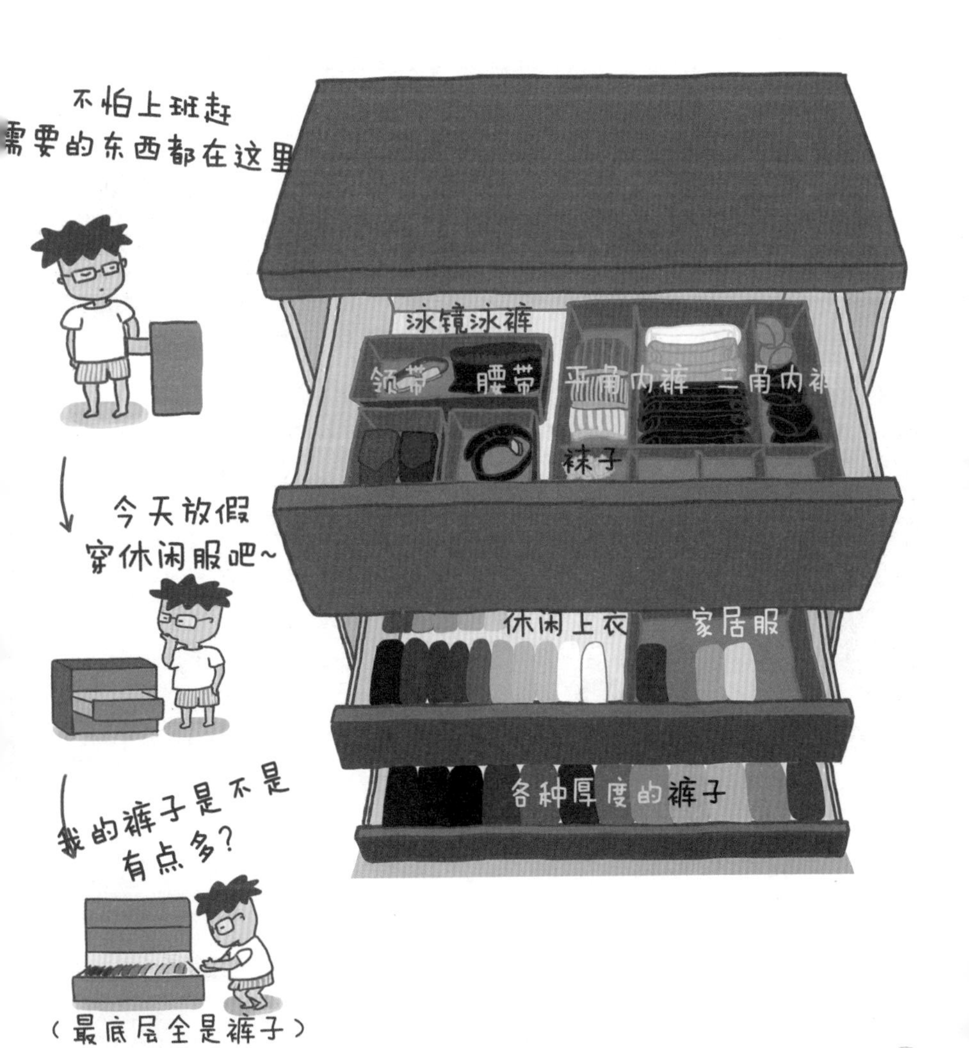
不怕上班赶
需要的东西都在这里
泳镜泳裤
领带
腰带
平角内裤
三角内裤
袜子
今天放假
穿休闲服吧~
休闲上衣
家居服
我的裤子是不是
有点多?
各种厚度的裤子
(最底层全是裤子)

需要悬挂的衣服、珍藏的箱包礼服就放在衣柜里。

衣柜分区好收纳

我怎么都找不到！
肯定有人偷走了！！

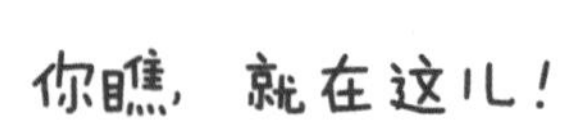

你瞧，就在这儿！

衣柜分区

箱包区
当季衣物
反季衣物

大人的衣服SO EASY，
可孩子们的衣服怎么办？

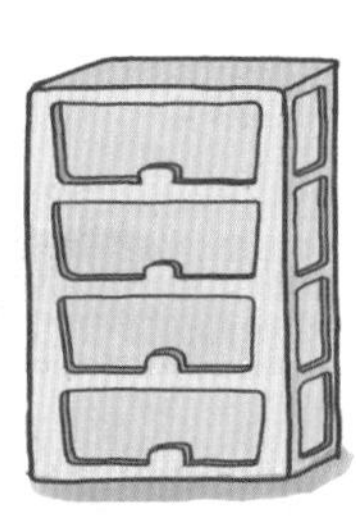

分类收纳试试看
（效果蛮不错哦~）

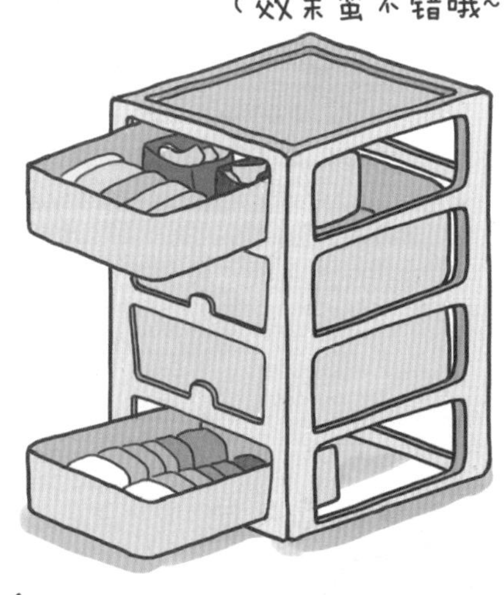

不用一天时间，
孩子们就会弄得乱七八糟。

妈妈好抓狂！

大人的衣橱可以天天都是井然有序

而小孩的衣橱却没那么容易

不要不相信，孩子们总有办法
把折叠好的衣服
弄得像从垃圾桶捡来的似的。

解决方案：

A. 每天重新叠一回。

B. 放弃吧，往抽屉里使劲

有没有选项C

大人小朋友都来参与衣物收纳？

要是这样，
我在旁边监工就好了。

日常生活里，最容易搞乱衣物的就是他们三人。

若他们也能帮忙、分类归纳，孩子们衣橱乱七八糟的情景就不容易发生。

低龄儿童的衣物分类

无需贴标签，
孩子也能学会的简单分类法。

下面以我家孩子当季衣物来示范：

分类收纳的下一步
露的少，藏的多
显露
孩子们当季衣服
会放在显眼的位置
便于取用
收藏
反季衣服、纸尿片等
会藏在柜子里，
或者不透明的柜子里。
纸尿片
库存
弟弟
反季衣服
姐姐
反季衣服
婴儿护理用品
（纸尿片）
（毛巾被子）

多收藏，少展露

装满一家人衣物的卧室才不会乱

虽然我的小家没有豪华衣帽间，
但胜在有顶级叠衣台。

无需弯腰、望着高层远景，
给家人叠衣服也挺享受的！

收玩具，苦中作乐

收纳玩具，从来都是苦差事。

只有妈妈才知道，
整理一屋子玩具有多辛苦。

趁他们不在客厅，抓紧时间！
Bye-
Zzz
啊
客厅整洁得
像新的一样！

然而……

弟弟一睡醒，就开始翻箱倒柜。

姐姐放学回家以后
满地都是玩具……

爸爸！
你回来啦！
这简直是个垃圾堆！
我现在去做晚饭，
你来收拾！
妈妈看不下去，
把烂摊子留给爸爸。

不到半分钟，
他们三人在玩具堆里
笑声不断。

看着凌乱的客厅，妈妈心中
十分烦躁

就是这样
我们一家生活在玩具丛里。

5分钟后，
我把整洁客厅
变回来！

全职妈妈如何做到
5分钟收拾全屋玩具

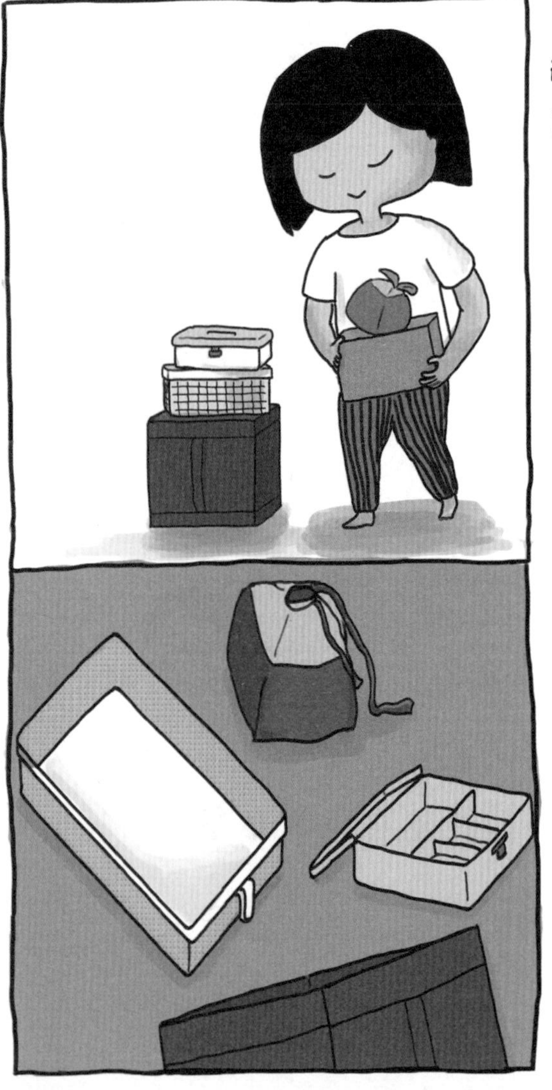
我的
秘密武器
就在这里
这些盒子
大小不一
用统一的
收纳盒
不是更好么?

玩具收纳有多难?

自从孩子出生后，“玩具收纳”就成为家里谁也不想碰的难题。

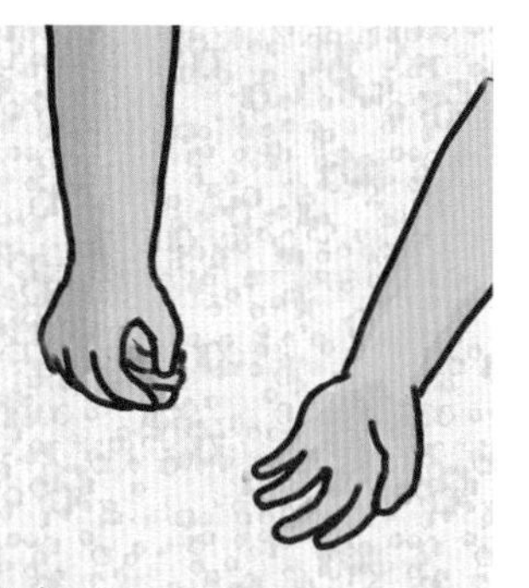

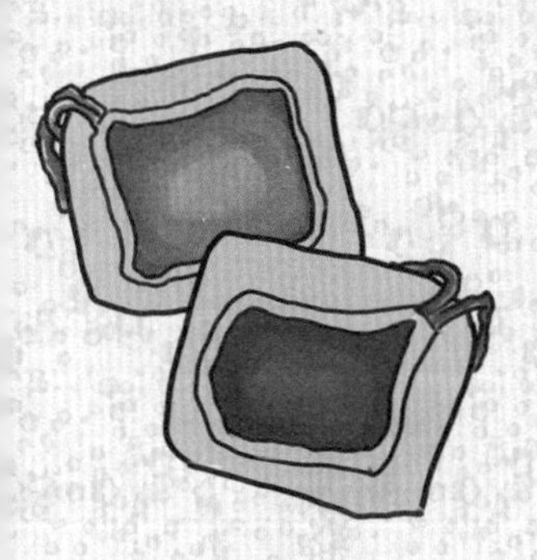

玩具太多了，来一场断离舍?
不行，孩子不答应。
种类太多了，不用分类全在一起?
不行，想要找玩具时妈妈会很头疼。

我尝试过学习整理术，买统一尺寸、统一样式、统一色彩的收纳盒，
试图一劳永逸地解决这个问题。

最后发现，根本不可能!

每当孩子问“妈妈，那个玩具放在哪儿?”
就是考验妈妈收纳功夫的时候。

玩具像人一样，
它们应该有自己的“房间”。

照着它们本来的收纳容器，
把它们快速分类、归位，
这也许是住小户型的有孩家庭
保持整洁的最简单方法。

按照尺寸
将玩具快速归位

大部分玩具的包装盒，
不适合二次使用。
可根据家中的储物柜大小，
额外购置孩子能操控的收纳容器。

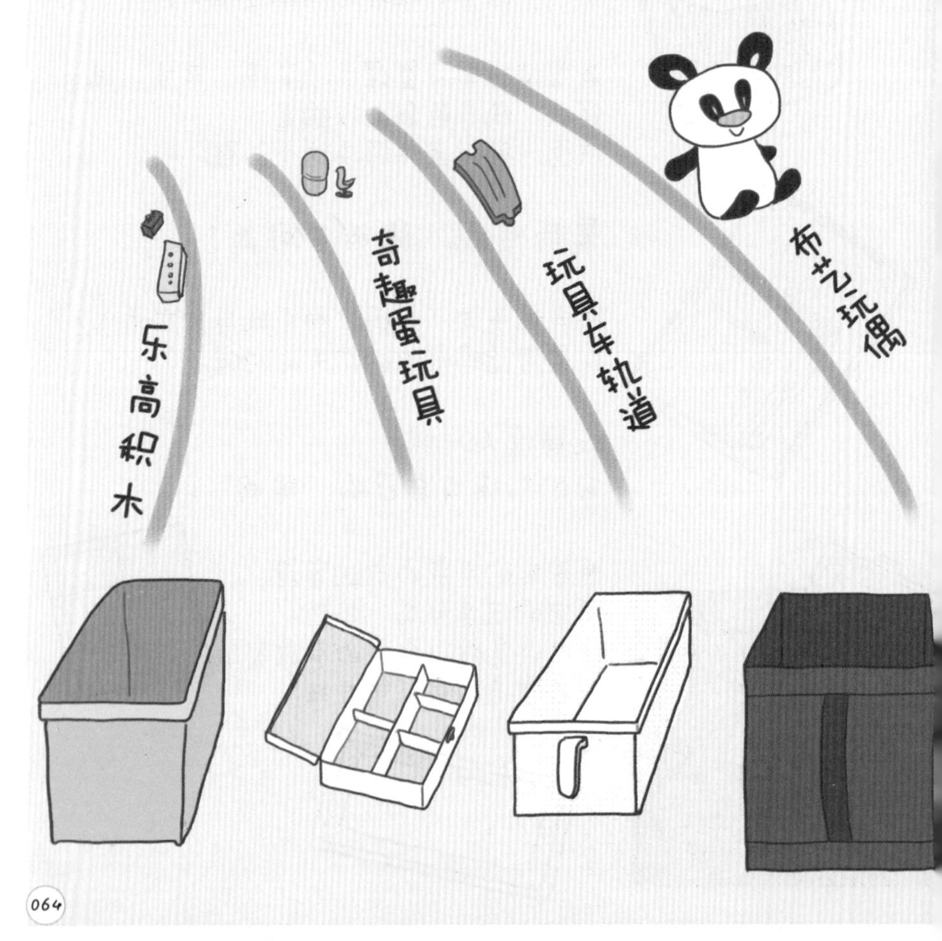

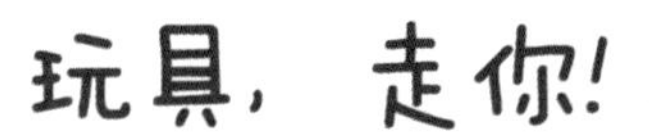

玩具，走你！

眼不见为净。
仅保留少量玩具展示出来，
绝大部分请藏起来。

当妈妈劳累或没心情时，
将玩具统统赶进储柜里，
家里就瞬间变"干净"，
烦躁也会少一些。

玩具藏在哪里？

小户型的家，
没有专门收纳玩具的儿童房，
玩具主要存放在客厅里。

四方屋里，除去家具，
空间所剩无几，
玩具可以藏在哪儿呢？

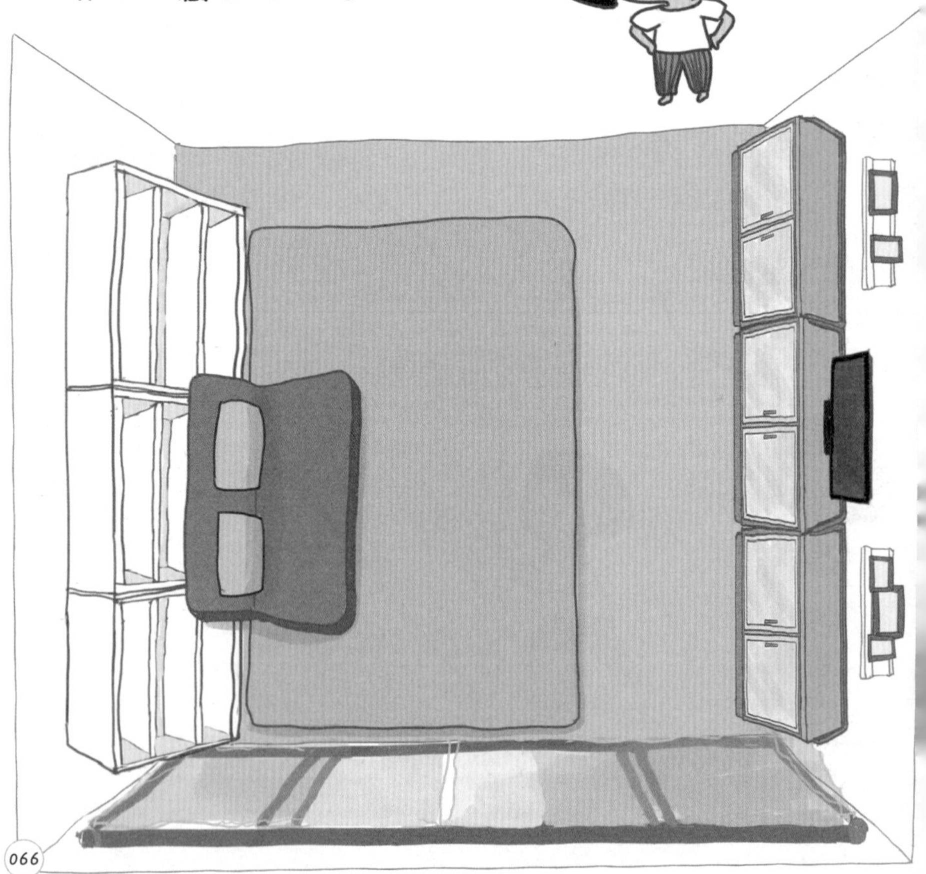

来吧！尽情挖掘客厅的收纳潜能

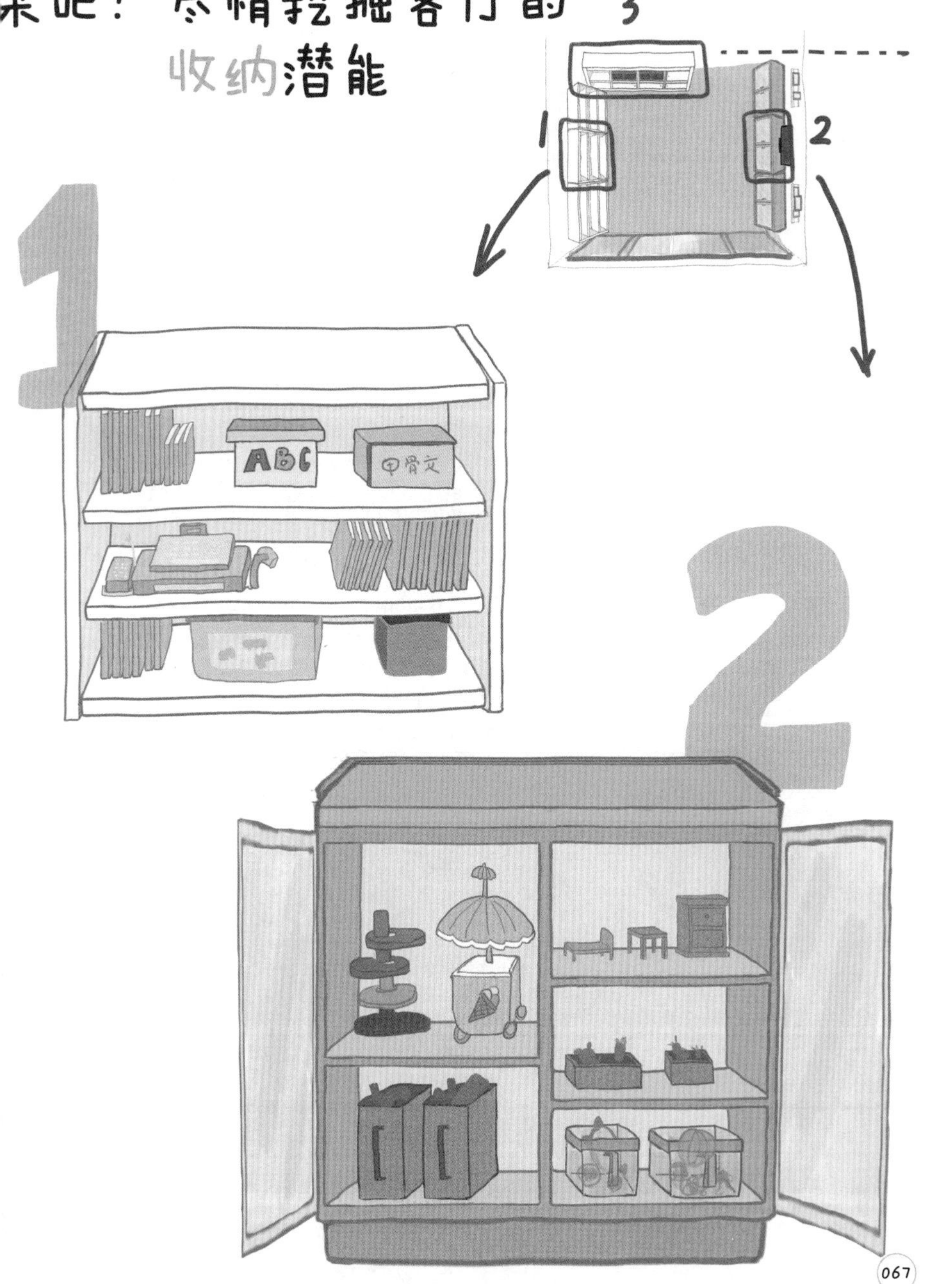

孩子你就尽情捣乱吧！
妈妈等会来收拾。
3
1
2
3

家里永远缺一个玩具收纳柜

正如女人的衣橱
永远缺少一件
理想的衣服，
家里的玩具收纳柜
怎么都不会嫌多。

问题是，
玩具超过客厅
收纳容量，
怎么破？

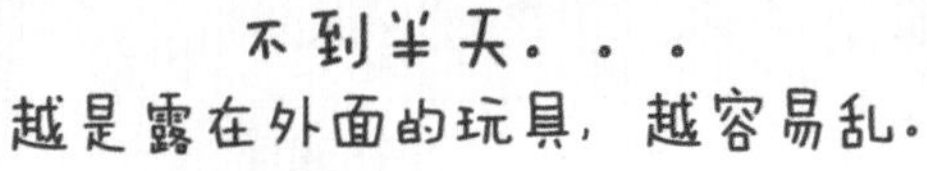

不到半天...
越是露在外面的玩具，越容易乱。

门厅！又一处玩具收纳地

多一处放收纳柜，就少一批玩具乱放

咦，这款塑料抽屉柜，
孩子自己可以掌控哦！
收纳容量还不少哦！

玩具用什么收纳不重要
重要的是藏！藏！藏！

小户型的家也可以像大宅那样，容纳熊孩子和玩具。

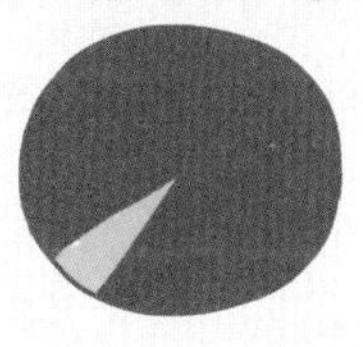

10%展示

90%藏起来

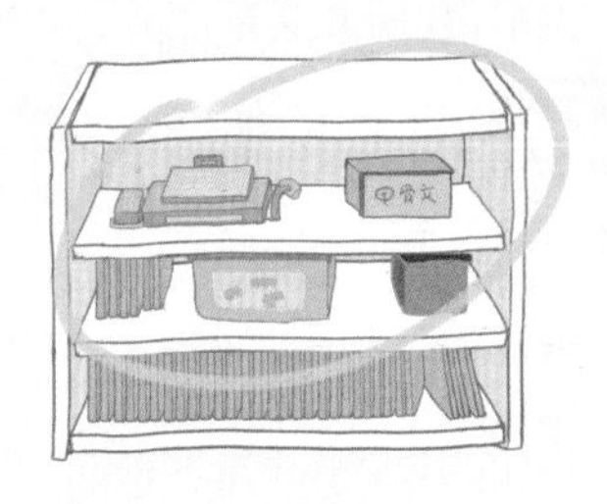

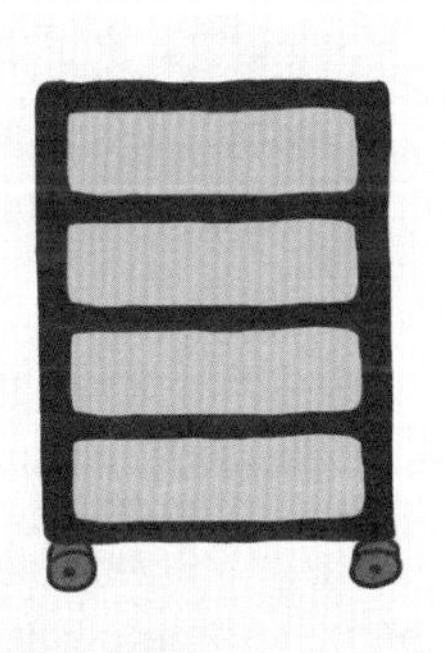

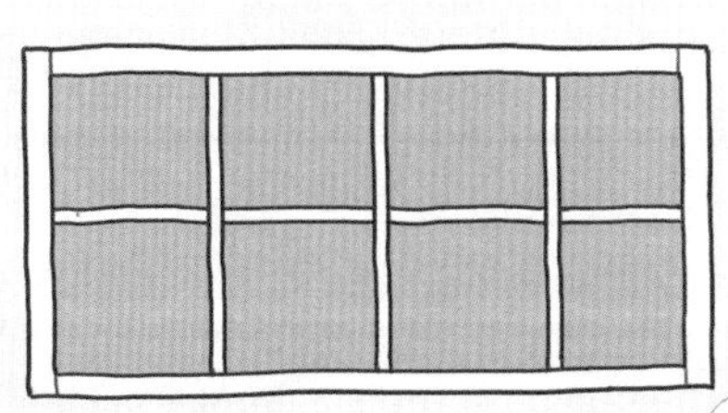

大人收拾玩具，只需5分钟
而孩子……

今晚让
来收拾
具吧!

妈妈快速收拾的效果

BEFORE　　AFTER

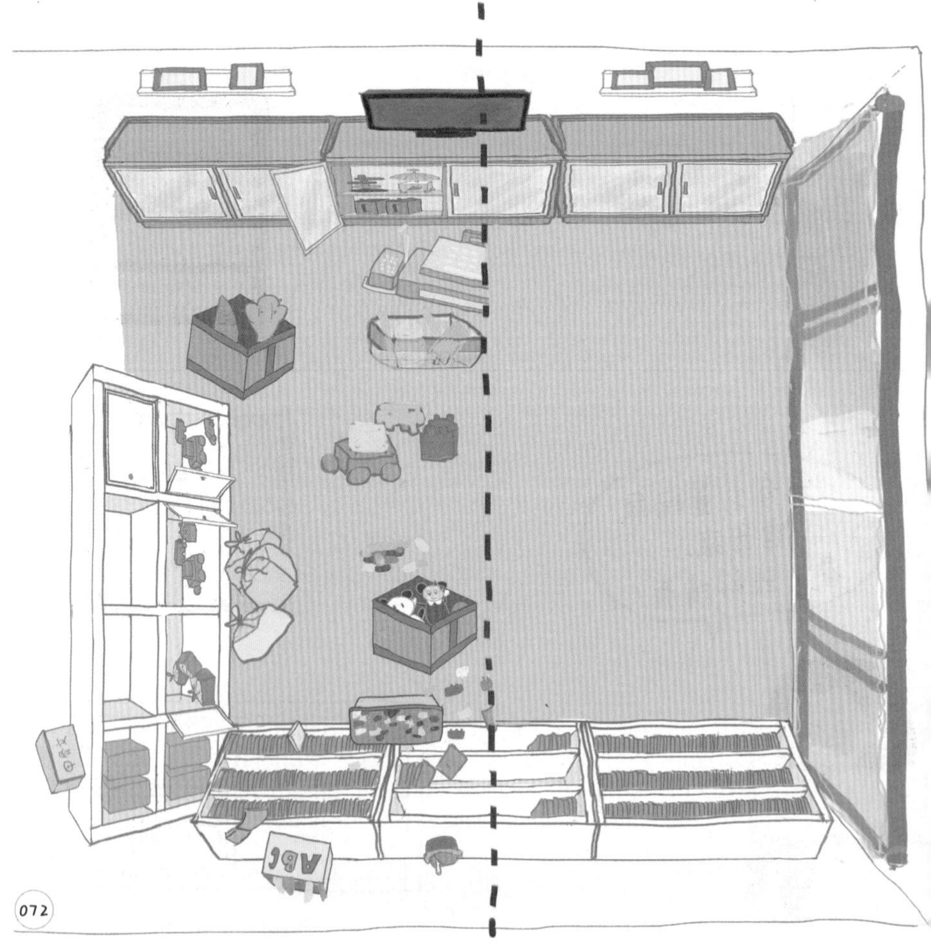

姐姐一边看电视
一边慢悠悠收拾玩具。

分类收拾很简单，
小孩子也能掌握。

5分钟过去了，客厅里的玩具还有很多没有归位。

要不要妈妈来帮忙？

不用了，我可以的。

30 分钟过去了……

孩子终于把客厅玩具收拾干净，
虽然耗时长了点。

玩具是孩子的宝贝，
收纳这件事，就让孩子慢慢来吧。

孩子看妈妈收拾多了，
自己也懂得边玩边收拾，
妈妈终于可以省点心！

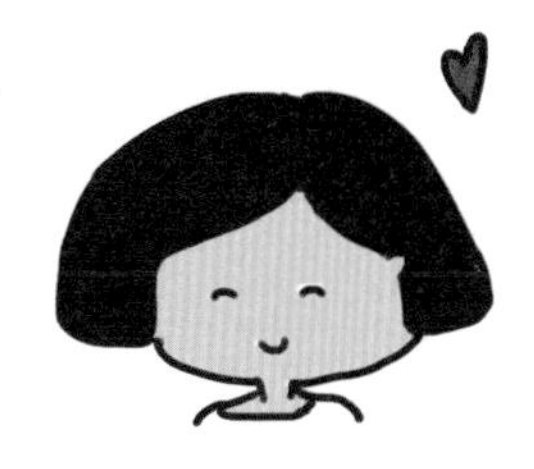

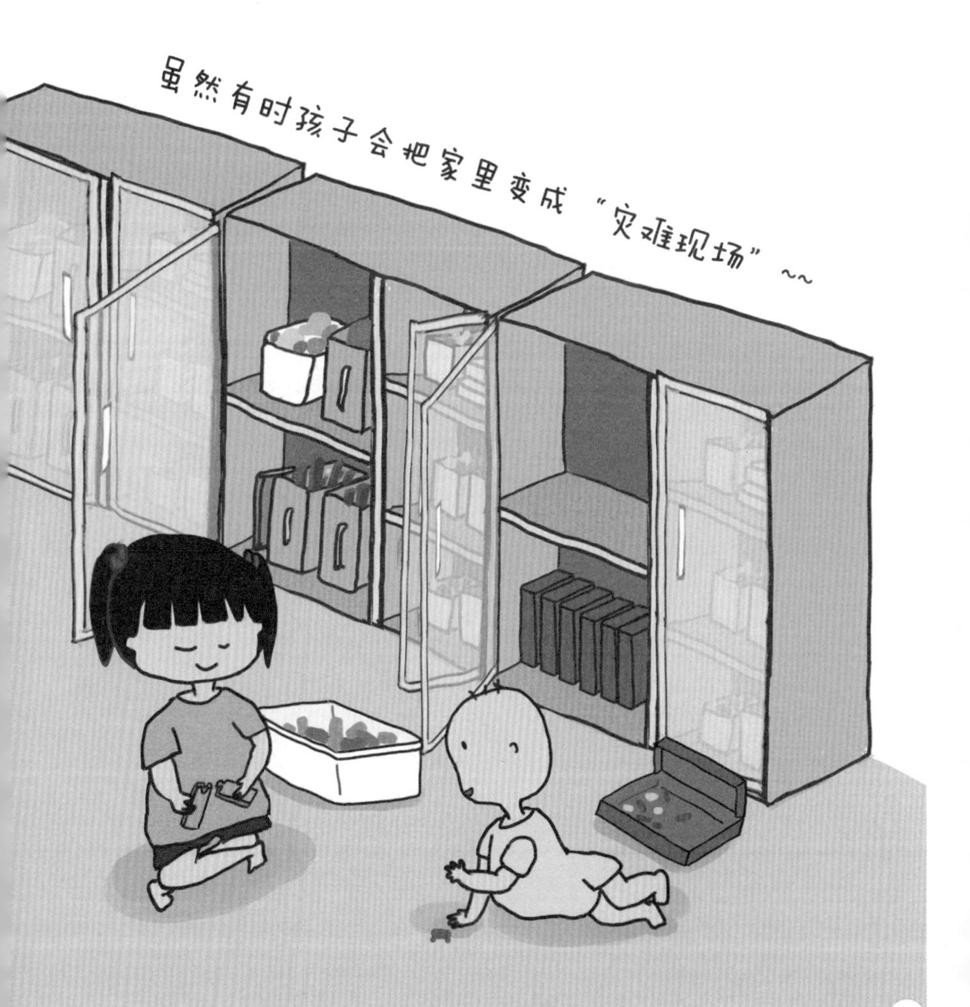

虽然有时孩子会把家里变成“灾难现场”~~

PART TWO

巧用空间 小房子变大豪宅

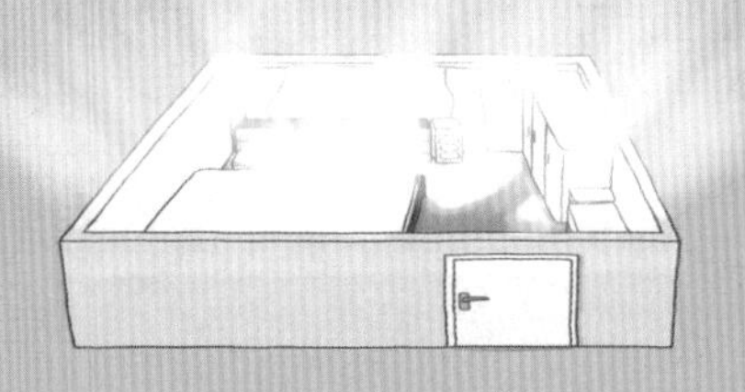

客厅究竟装多少

目前市场供应的100平方米以下的刚需房，
多数是竖型餐客厅，
面宽较短、进深较长。

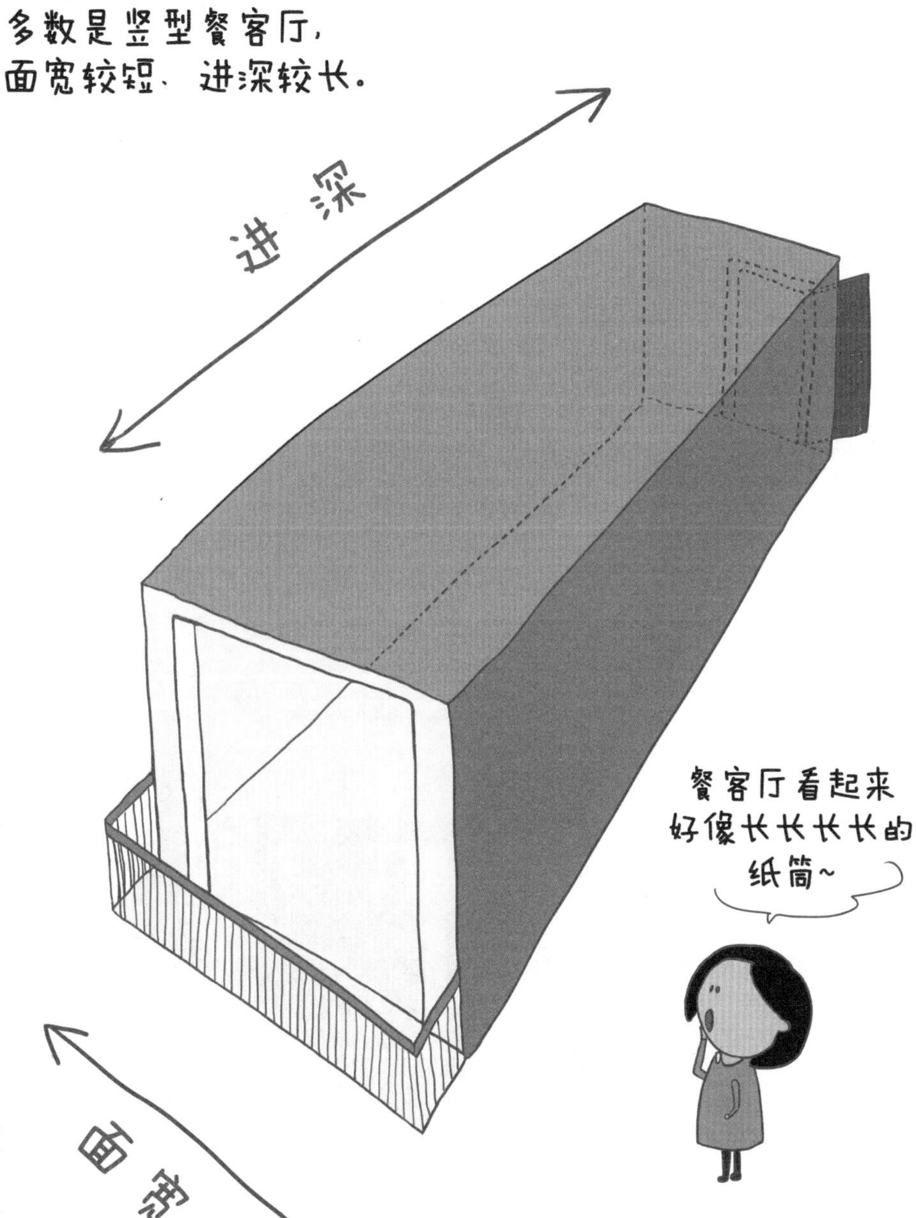

两房户型的客厅

不看户型图，能看得出来这是两房的客厅么？

两房比一房多近30平方米，只增加了一间房。
虽然客厅、厨房、阳台都稍微增大，但客厅可摆放家具的空间没有变大。
来来来
我们参观朋友家的两房！
人家的房子比我们家多30平，两口子住肯定会很舒服。
我猜也是，顺便学习人家怎么收纳的。

（表哥买了大房子，添丁又发财，三代同堂住在一起真幸福。）

（有老有少，杂物超级多，他们家客厅够用吗？）

（.呃...）

（我猜，是新房子的缘故吧……）

三房的客厅

能容纳多张睡床的三房户型，
客厅还是一如既往的小。

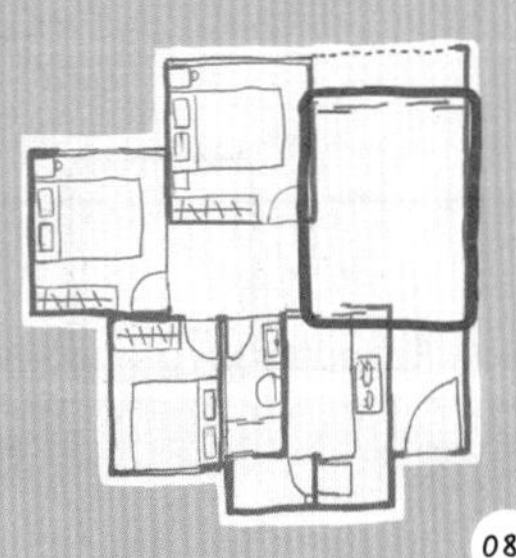

万年不变的客厅

开发商以为住大房子的都是专门腾一间房来放杂物。

从一房到三房，
总面积和居住人数翻倍、杂物暴增，
但客厅面积没有跟着增长。

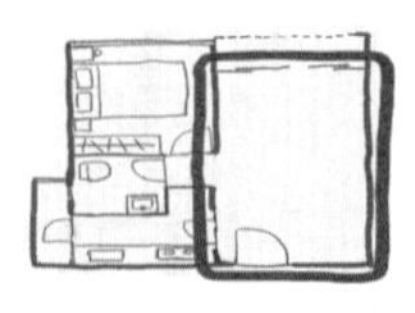

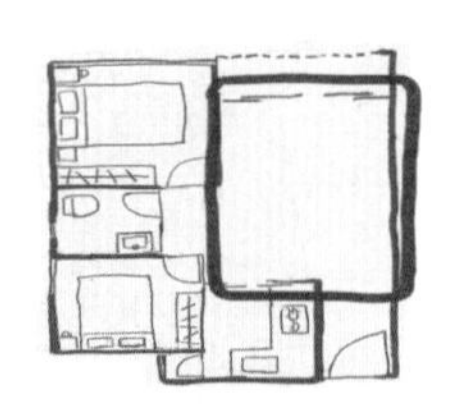

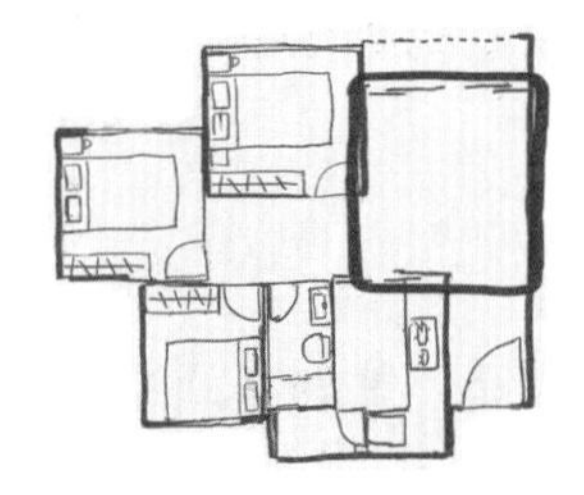

二胎来了，需要换大房。
收纳的烦恼不会因为换大房子而消失。
XX花园楼书
孩子妈，我们买哪一套？

客厅需要塞下多少东西？

小房子

客厅杂物

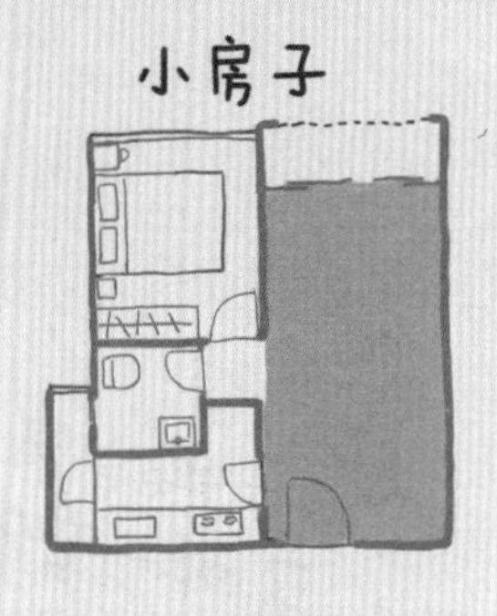

大房子

2大2小

很多杂物@#%

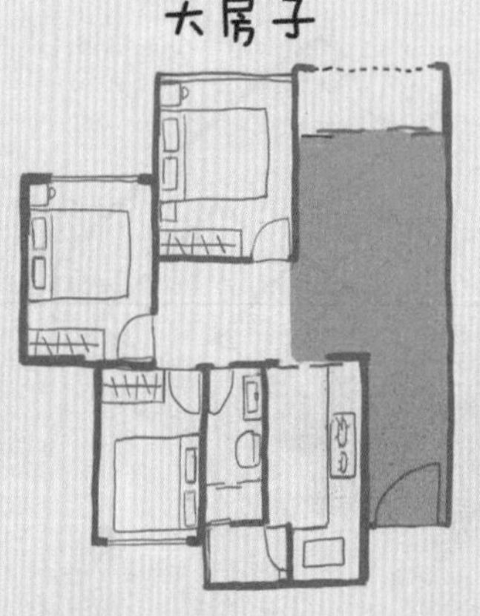

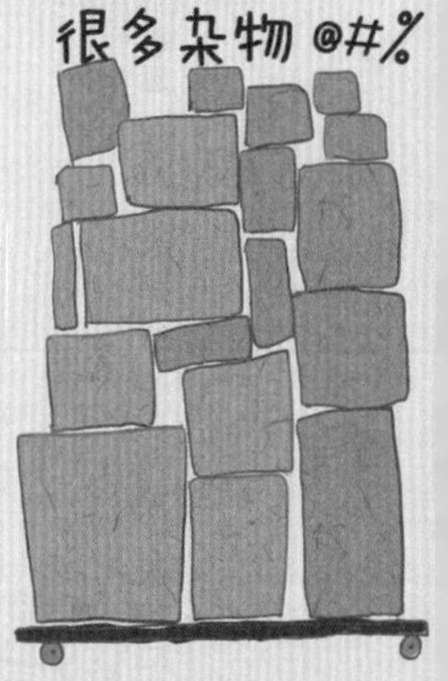

真是糟糕~
小三房的客厅跟小户型的差不多，
孩子们的杂物往哪放？

建筑面积越大，人均客厅面积越小，
储物空间与居住人数不匹配。

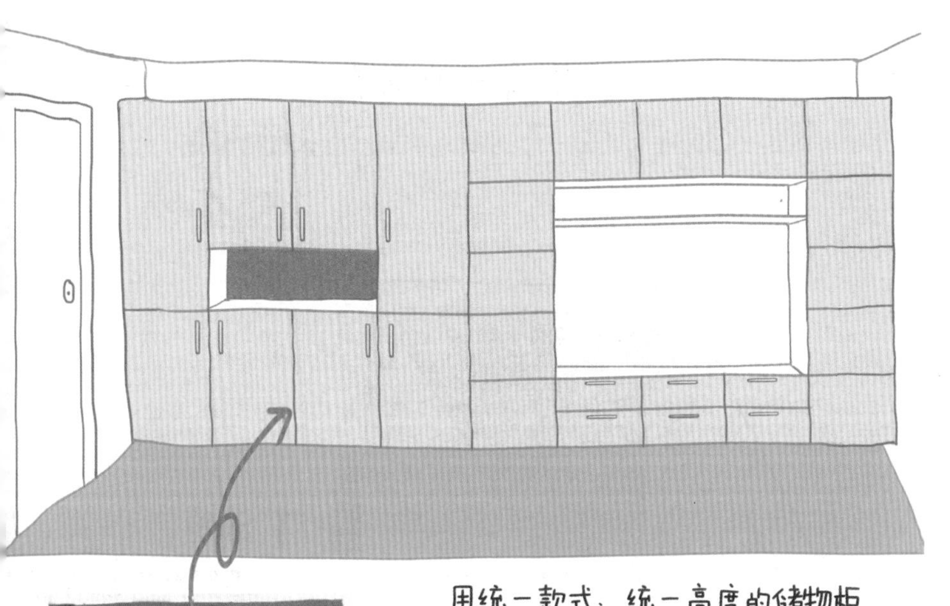

用统一款式、统一高度的储物柜

理想的客厅靠一面墙完成客厅收纳

我怎么也找
不到一面
完整的墙……

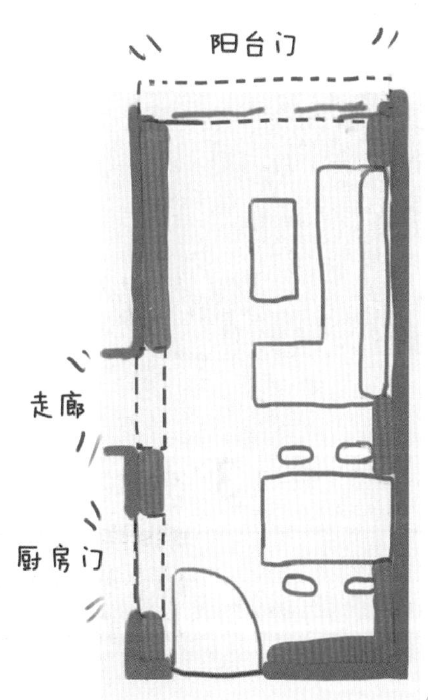

总有一个因素
阻碍客厅建一面储物墙

1 日照

晒到太阳的那面墙不适宜做整面电视柜。

2 朝向

老人家指定沙发要坐北朝南，霸占可以做一整面收纳柜的墙。

3 个人喜好

明明知道一整面收纳柜会比各种各样的柜子整齐，但就是喜欢混搭不同款式的储柜。

住小户型的唯一出路

全家总动员一起断离舍

一家人断离舍后的“小”客厅

若小客厅不能解决一家人使用和收纳问题，搬到大房子一样解决不了。
我们来一场试验：让小房子的客厅容纳一家四口。

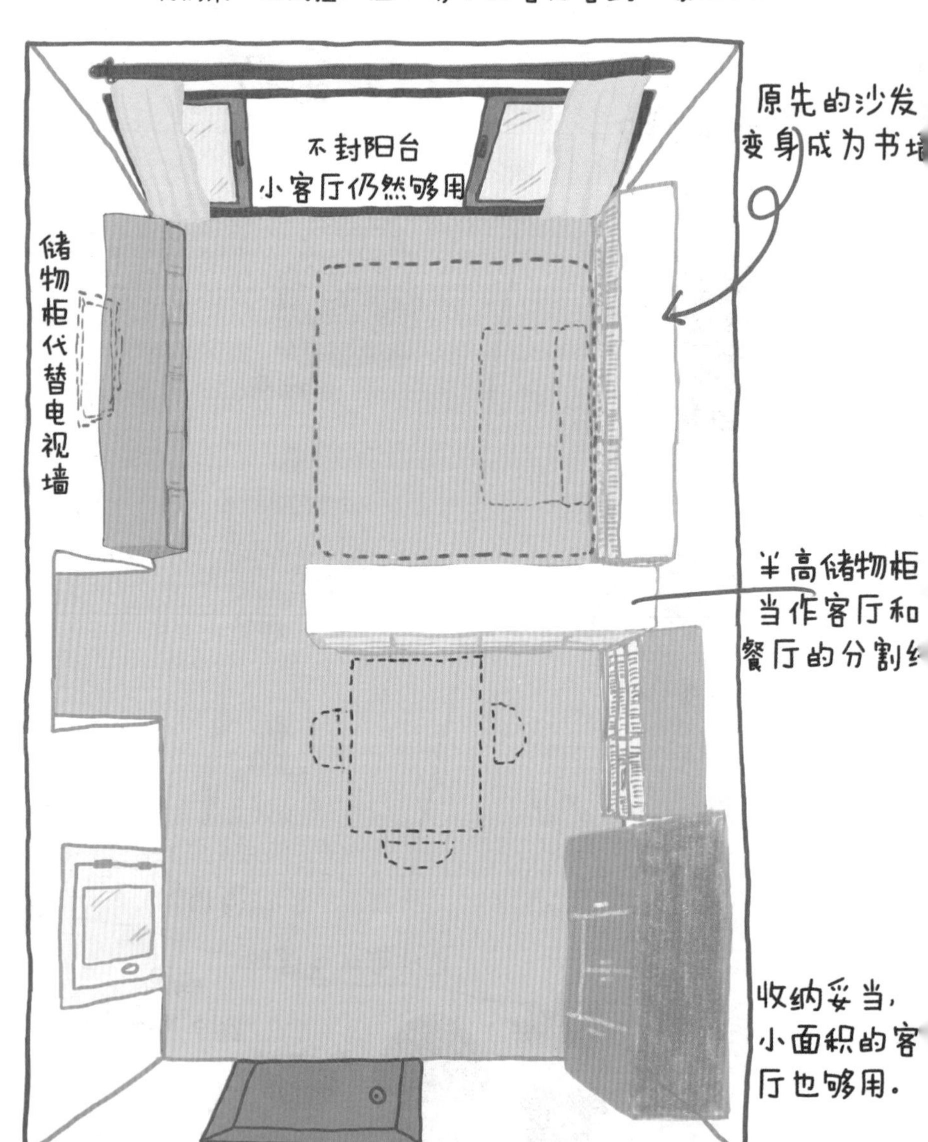

不封阳台
小客厅仍然够用
原先的沙发
变身成为书墙
储物柜代替电视墙
半高储物柜
当作客厅和
餐厅的分割线
收纳妥当，
小面积的客
厅也够用。

整理的好处

一家人拥有整洁的家居
而无须舍弃每个人的喜好之物。

沙发垫背后，是一家人常用的图书杂志。

工作日　上午 10：00
左手边是孩子的临时睡房
右手边是大人的工作间

客厅模式 NC

睡房 + 书房

收纳整齐的客厅，可以舒舒服服地展开多种功能

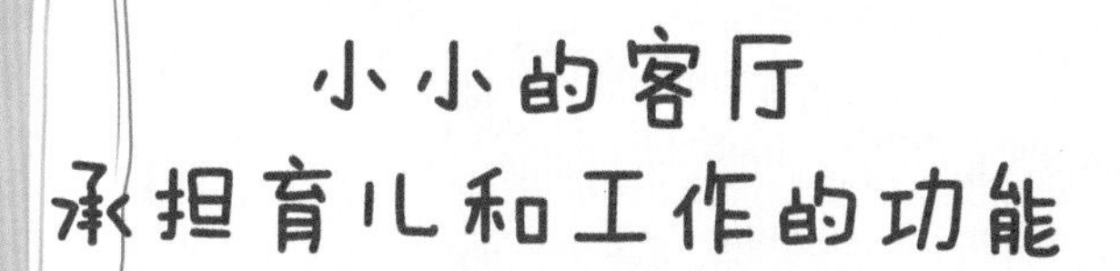

能随时随地看到孩子的动态
妈妈在家工作会很安心

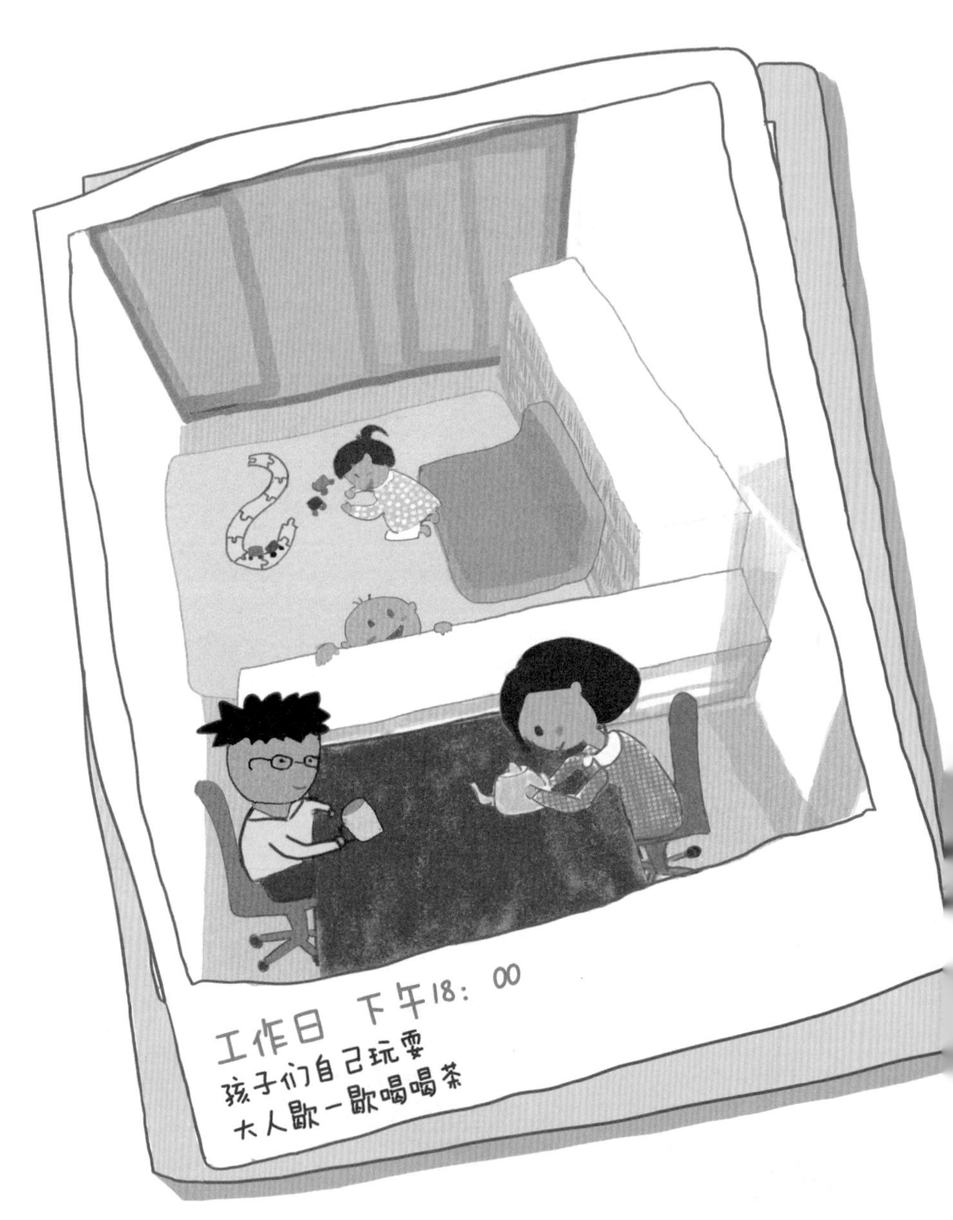

工作日 下午18：00
孩子们自己玩耍
大人歇一歇喝喝茶

客厅模式 NO

儿童房 + 茶室

孩子们在身边玩耍，省心又放心

更多模式
开放中……
每一日 晚上20：00
孩子们开睡前PARTY
客厅模式 NO.3
多一间睡房

孩子们很喜欢宅在家里。
客厅犹如充满玩具的安全岛，
可以两姐弟打闹、可以一个人热闹。

欢·迎·回·家

门后面的整洁客厅等待着家人轻松归来

要多大面积的客厅
才够一家四口使用？

没有答案。

如果餐客厅可以糅合其他功能
（书房、儿童房及其他功能房），
实际需要居住面积
没有想象那么多。

客厅是家最主要的容器，
把里面的杂物妥善安置，
就无需执着房屋面积。

厨房到底要多大

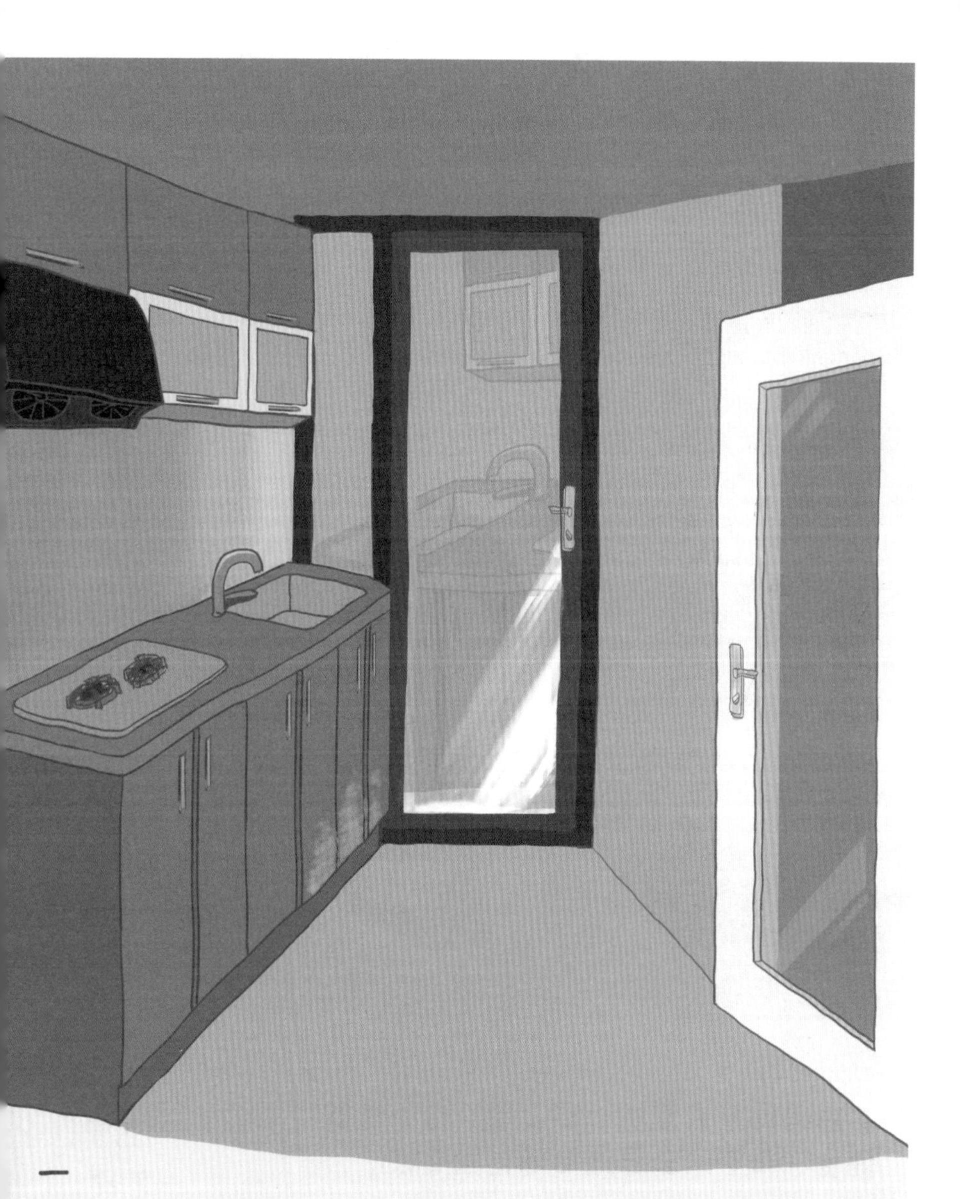

一字型厨房

带装修交付的商品房，厨房已经装好橱柜、灶台、水电，连冰箱的尺寸也被限定。

要想扩容（操作空间和收纳容量），几乎是不可能的。

二孩妈妈每天要做一日三餐，给小孩做辅食，还要给自己添加哺乳期餐饮。

小厨房需容纳大量杂物，还要腾出空间给主妇操作。

小家庭迫切需要“大”厨房。

二孩妈妈好烦恼！

把冰箱当作储藏室
不是长久之计
给我多一个大冰箱
也不够用！
厨房里总有
不适宜放冰箱冷藏的东西。
把厨具家电堆放在冰箱周围，
也不便于使用。

厨房储藏室长什么样？

不论美式别墅，还是日式住宅，厨房里会有个储藏室，专门存放食物、调味料及杂物。

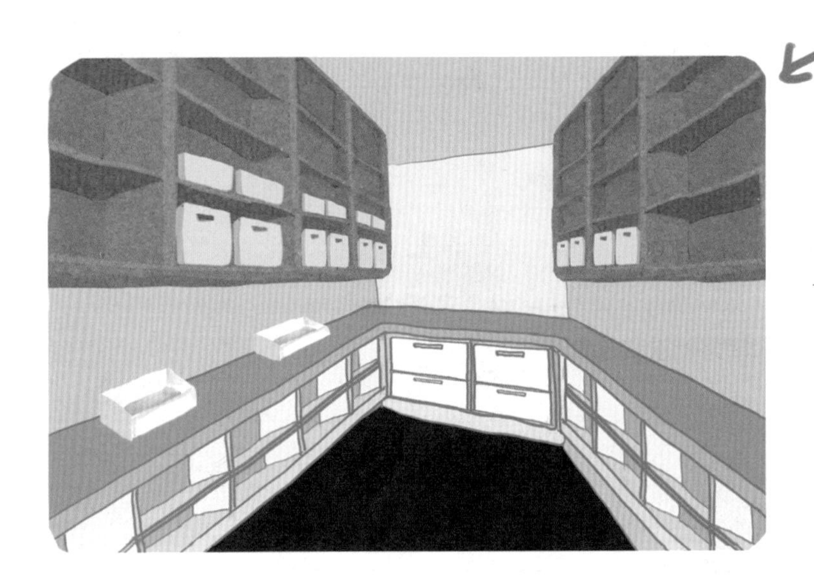

美式储藏室

日式储藏室：只需厨房一个角落

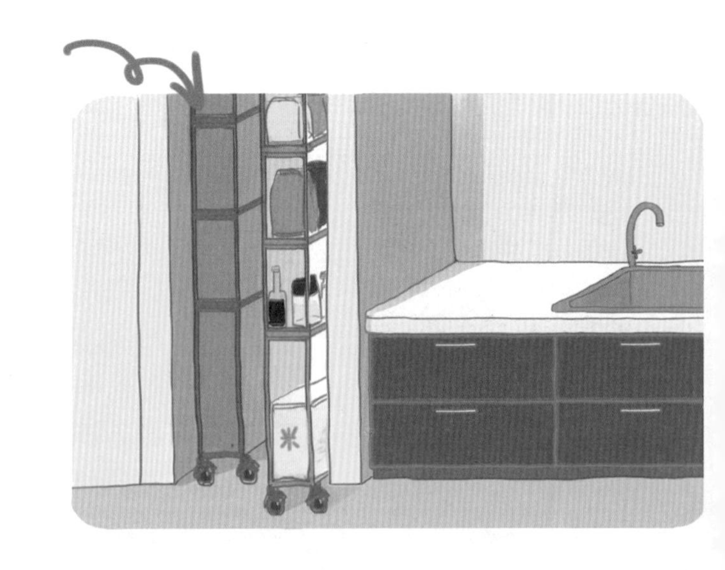

小厨房能否也有储藏室？

我家的小厨房只有5平方米
虽然很小，但需要储藏室帮助收纳。

一字型
整体橱柜
冰箱
预留位置
收纳妥当的话
小厨房看起来比
别人家的要大！

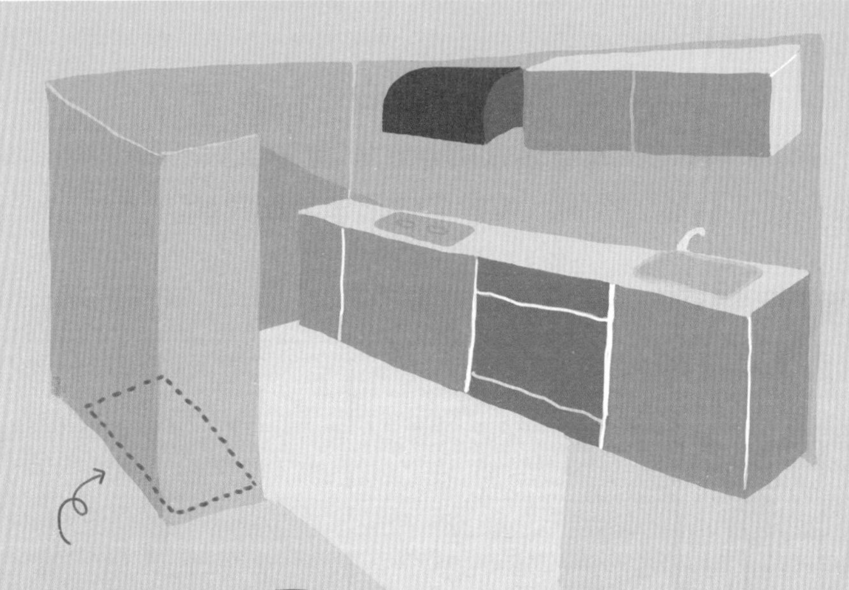

冰箱预留位置
小厨房储藏室的可用之处

我家小厨房能塞下对开门大冰箱。
改为小冰箱，剩下的空间就可以改成小储藏室。

V.S.

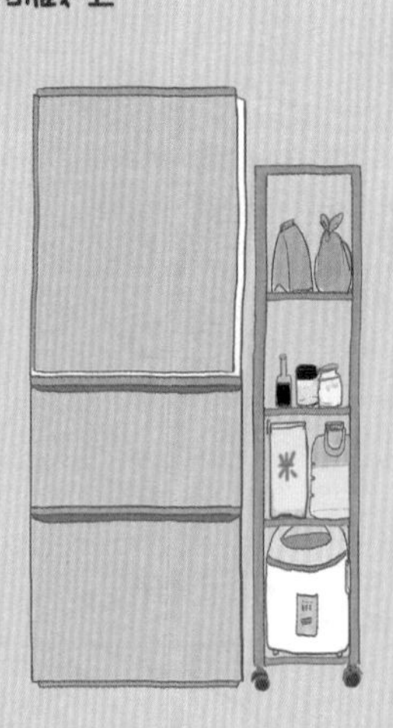

冰箱上方搁板
充分利用成储藏室

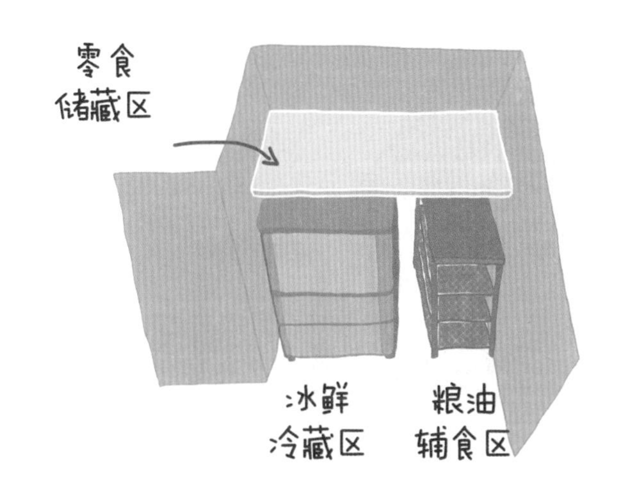

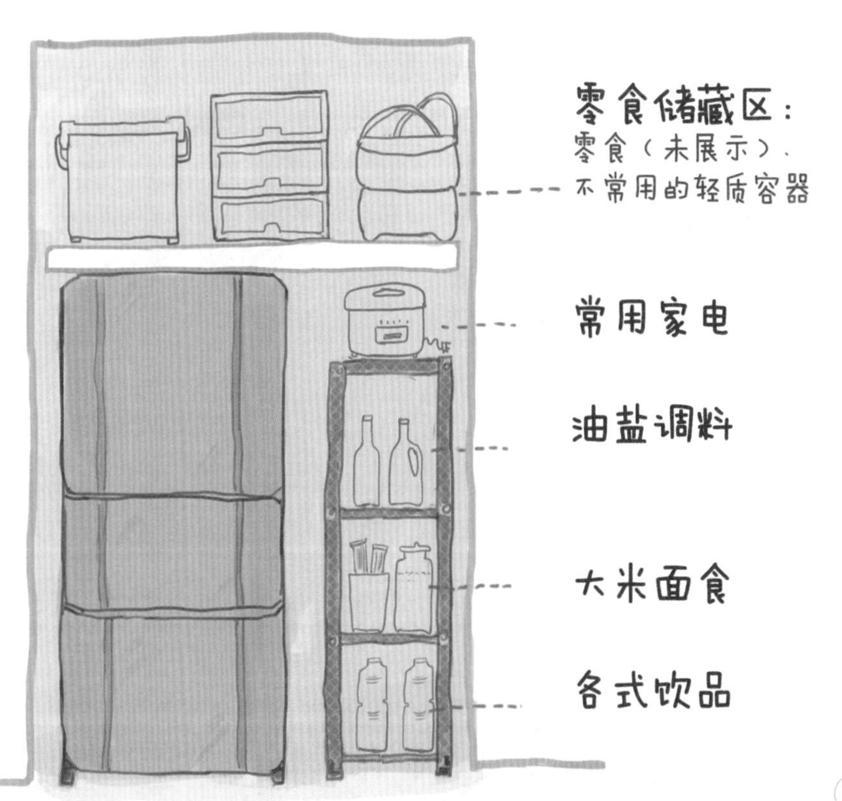

自从有了储藏室，
厨房变得井井有条！

好用的厨房在于：动线

狭长一字型厨房的弊端：来回走动，做饭的动线很繁复。

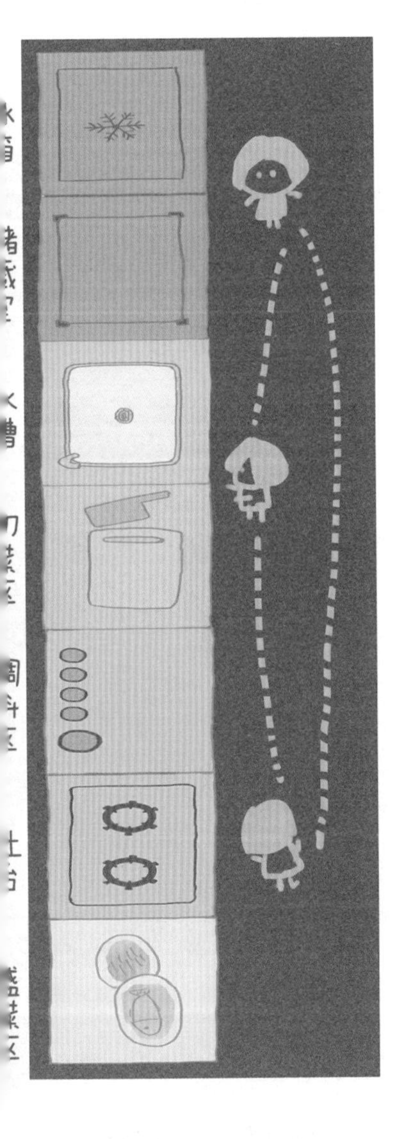

主妇喜欢这些类型厨房：

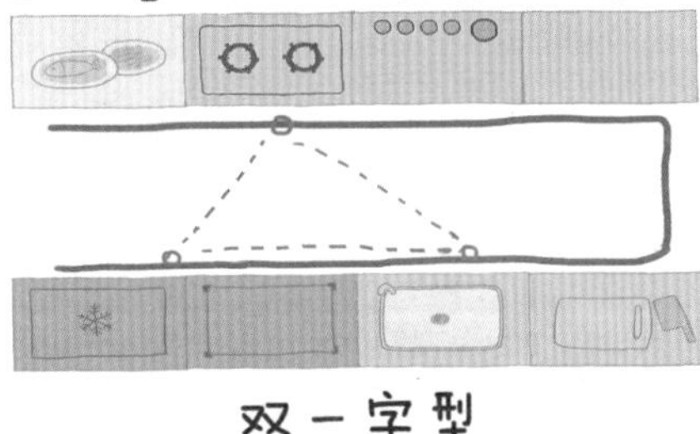

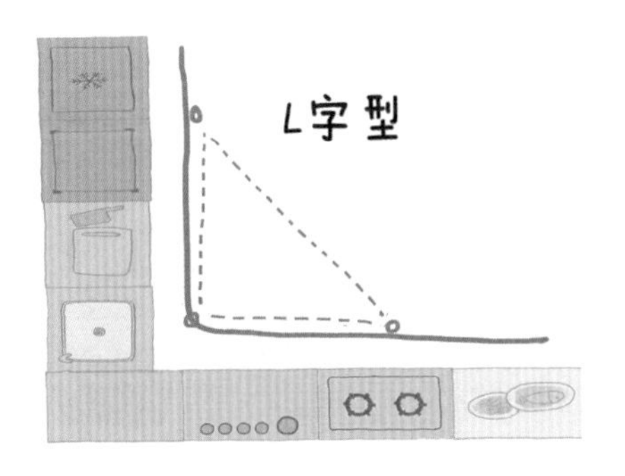

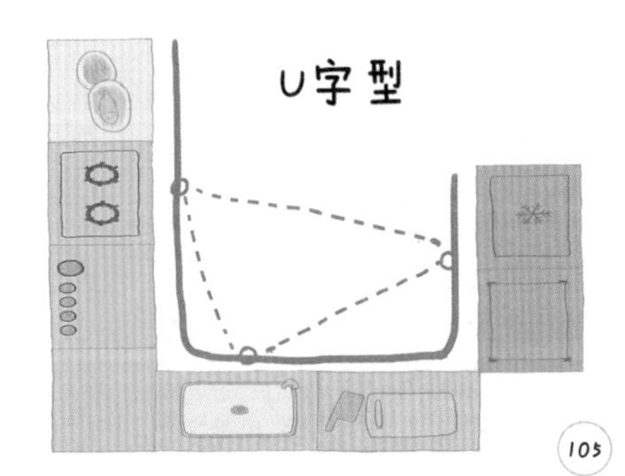

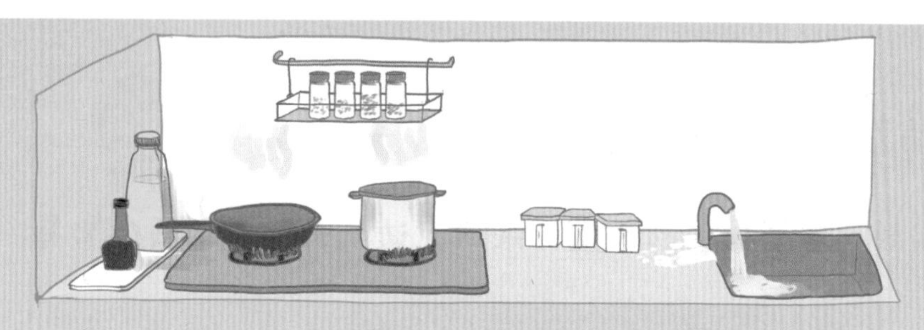

在一字型厨房，调味料往往跟灶台、水槽平行摆放。
调味料在高温条件下容易变质，靠近水槽容易受潮。
做饭的人需要来回走动，动线繁复。

把调味料移走，厨房动线变流畅

把调料转移到储藏室，
形成灶台为中心的三角，
类似L型厨房的效果，做饭动线更好。

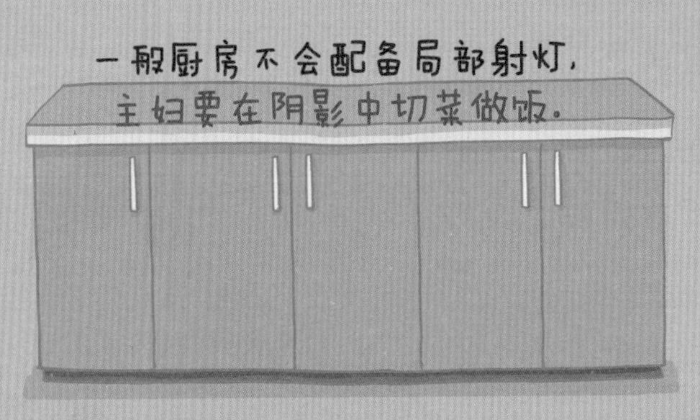

一般厨房不会配备局部射灯，
主妇要在阴影中切菜做饭。

开门式橱柜，造价低，但远没有抽屉式的实用。

简单改造，厨房变好用

让经济版厨房升级为豪华版。

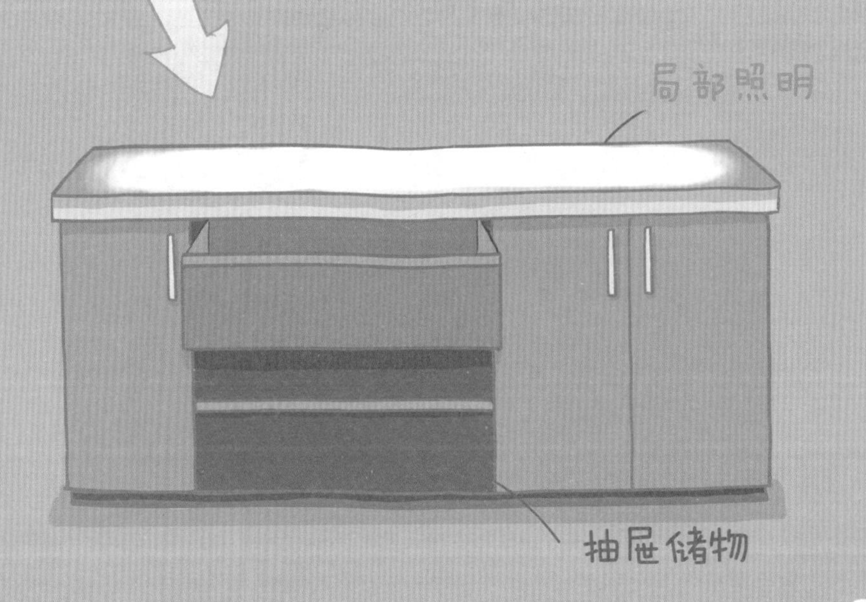

改造厨房可以是一家人参与的乐事。

妈妈和孩子们用手机网购，
而爸爸就去拆掉柜门。

将橱柜改为抽屉储物，

会大大改善厨房好用度。

开门式橱柜，主妇需要弯腰取物，非常不方便。
幸好橱柜是标准尺寸，可以塞下标准化的抽屉或家电。

消毒碗柜变身为橱柜抽屉

嵌入式厨房电器大多是与标准橱柜匹配。

除了消毒碗柜，橱柜抽屉还有以下选项：

动手能力强的屋主可以选择加装拉篮。

不想做任何改动的话收纳盒当抽屉也算是一种办法。

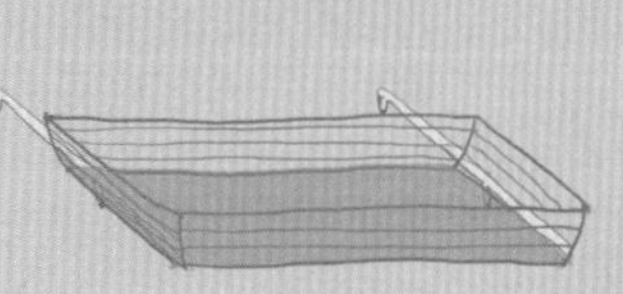

拉篮

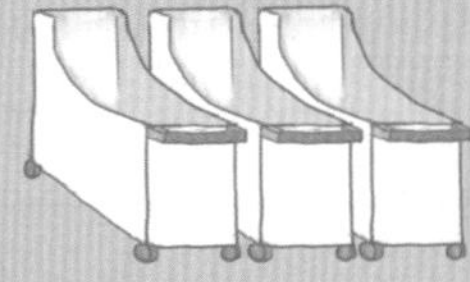

抽拉式收纳盒

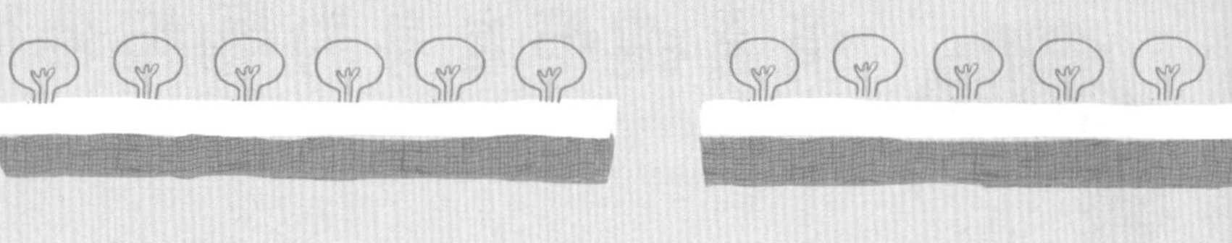

厨房照明不足
怎么办？

加装局部照明
主妇会更加喜欢厨房

使用电池不插电
用黏胶固定很省事
在吊柜底部安装不插电的LED灯条

厨房好看的细节

使用透明/半透明容器，整齐划一地收纳厨房杂物。

长方体比圆柱体或异形容器，更能装。

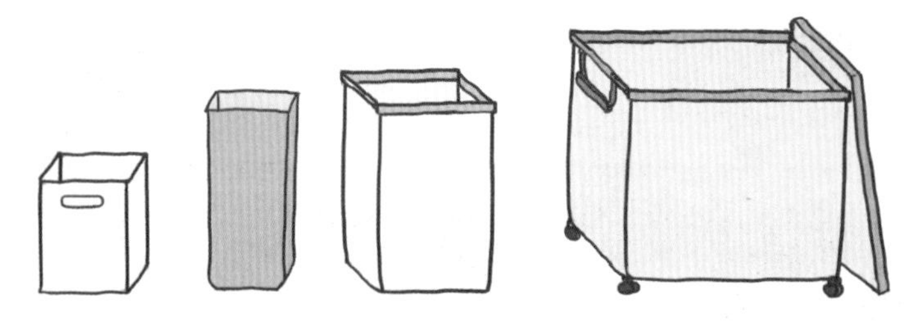

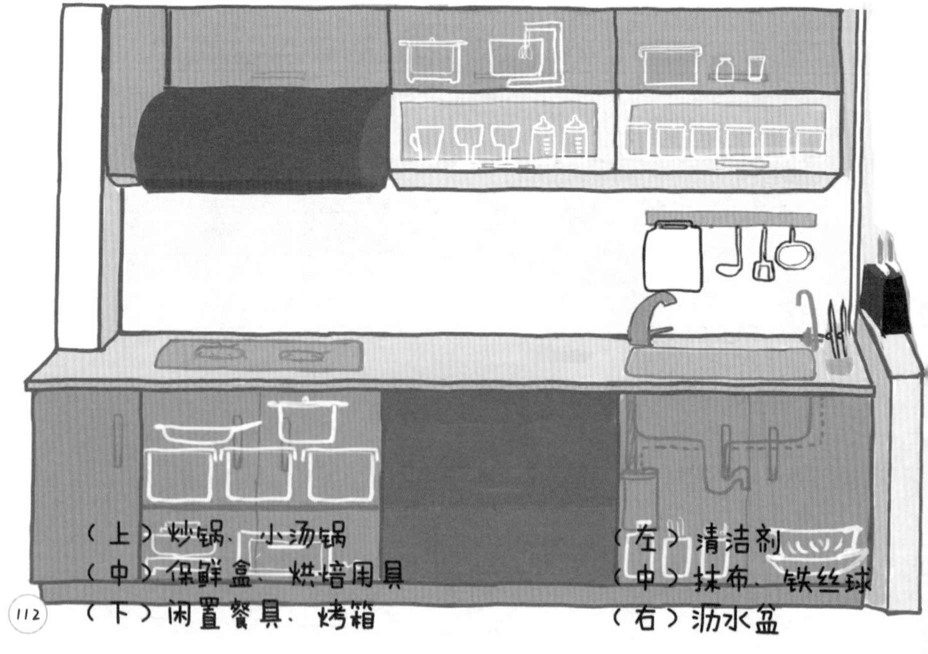

厨房好看的秘诀

清空！比任何收纳技巧都强！

1. 不用时清空台面，让厨房看上去空荡荡。
2. 不要囤积食物，臃肿的厨房对家人健康无益。

这些是不用花钱的改造，
也是无须学习的收纳技巧。

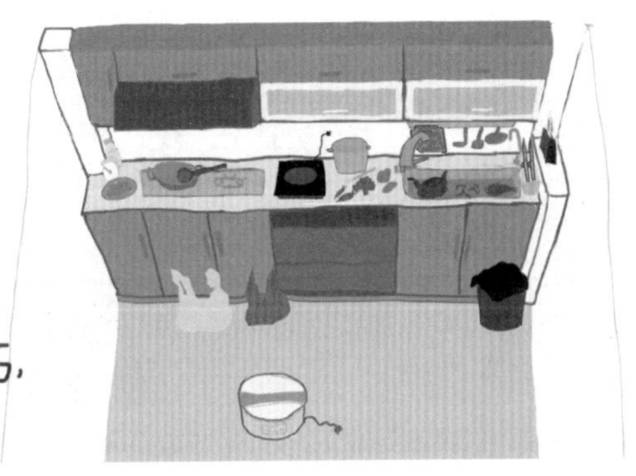

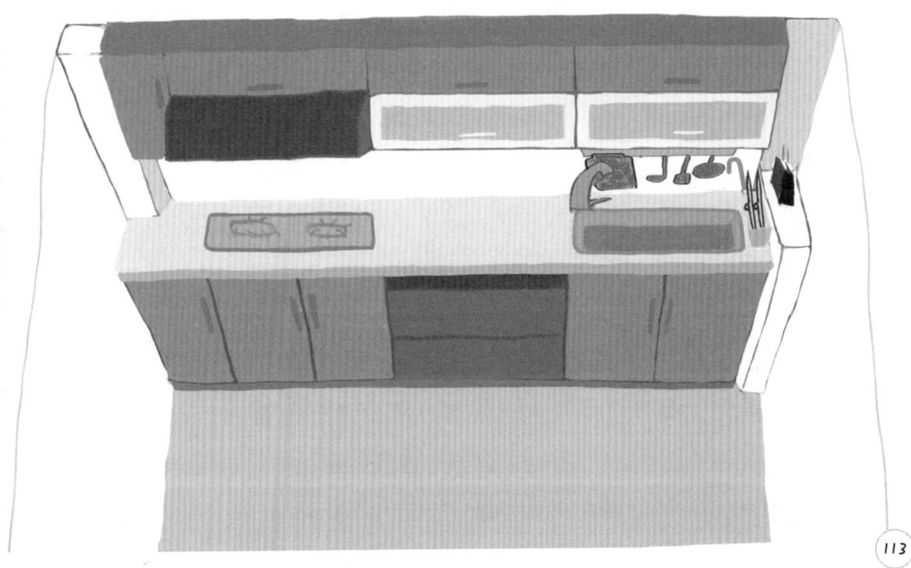

有了整洁的厨房，
孩子们可以自己动手找零食。
家的每一寸空间
都属于每一位家人。

卫生间一个够吗

卫生间色彩学

小家里唯独卫生间，打扫过后可以是白花花空无一物。

藏而不露好整洁

我最喜欢打扫卫生间，
每一件物品都有整洁的藏身之所。
在这里可以放上一束花，小孩子不会轻易打翻的美好心情。

卫生间里人人平等

家虽然面积小，卫生间只有一个，

但这里是最平等的地方，大人和小朋友都有自己的马桶。

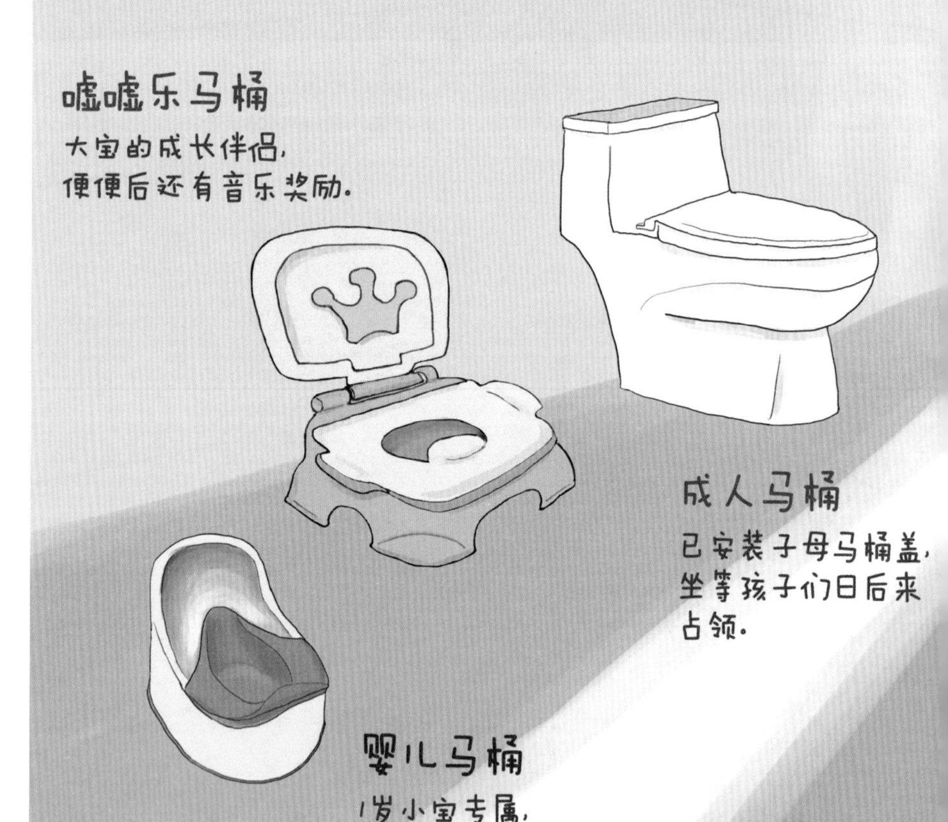

嘘嘘乐马桶
大宝的成长伴侣，
便便后还有音乐奖励。
成人马桶
已安装子母马桶盖，
坐等孩子们日后来
占领。
婴儿马桶
1岁小宝专属，
旅行时可携带外出。

每个人有自己的物品

空间小，不等于家人被迫共用物品。
即使是小孩子，也能有自己的专属沐浴用具。

孩子爸和孩子们每天最期待的是

在卫生间的亲子时光

<<< 孩子们的牙膏牙刷、
专用沐浴露藏在这里
两个桶架起一个浴盆，
刚好够两个孩子洗澡。

爸爸你看，
我吹出好多漂亮的泡泡。
YEAH！
哈哈哈！
我们都在泡泡仙境里！

等妈妈完成洗碗家务时，
正好是孩子们该起来穿衣服的时候。

小小卫生间要容纳四个人就很拥挤，
让妈妈站在门口接孩子刚刚好。

卫生间如何收纳

整洁 & 好看

妈妈光是洗脸用品就一大堆。

孩子爸的口腔护理产品好几套。

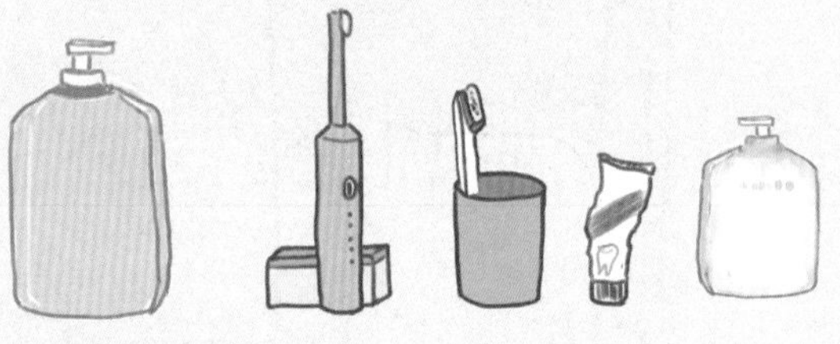

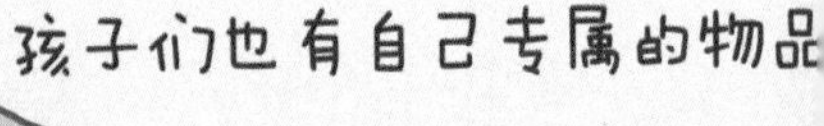

孩子们也有自己专属的物品

卫生间整洁的秘密1：镜柜

既是镜子又是收纳柜，
在小小的卫生间里是颜值担当。

再也不用担心洗手盆或桌面
没有地方放东西。

孩子们的：

儿童牙膏、牙刷，
小瓶装的洗护用品

大人们的：

口腔护理用品，洗面乳、卸妆油

大人们的：

用了十年的漱口杯，日常牙膏、牙刷

卫生间整洁的秘密2：洗手盆柜

洗手盆下方可做柜子或抽屉，用来收纳杂物。
除了容易受潮的纸巾，什么杂物都能放。

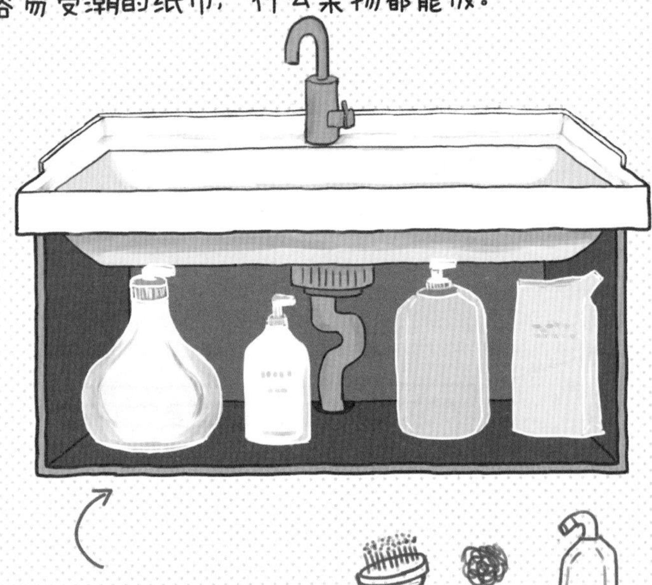

大瓶装的洗发水、沐浴露，
还有环保替换装，都存放在这里。

小型清洁用品也藏在这里~

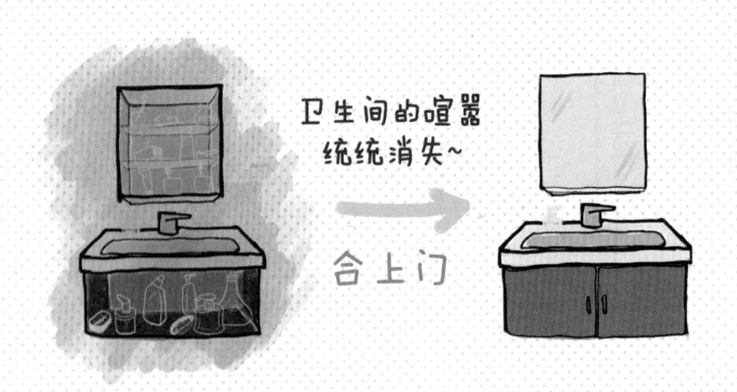

卫生间整洁的秘密3：清洁工具

卫生间专用的小扫把、马桶刷
平时使用完毕后收藏于角落，
近乎隐形。

重新审视卫生间

日常打扫过后，卫生间杂物还是有点多，
还能变得更清爽一些吗？

来自母婴室的灵感

母婴室形如卫生间。
总是芳香清新，没有婴儿便便的臭味。

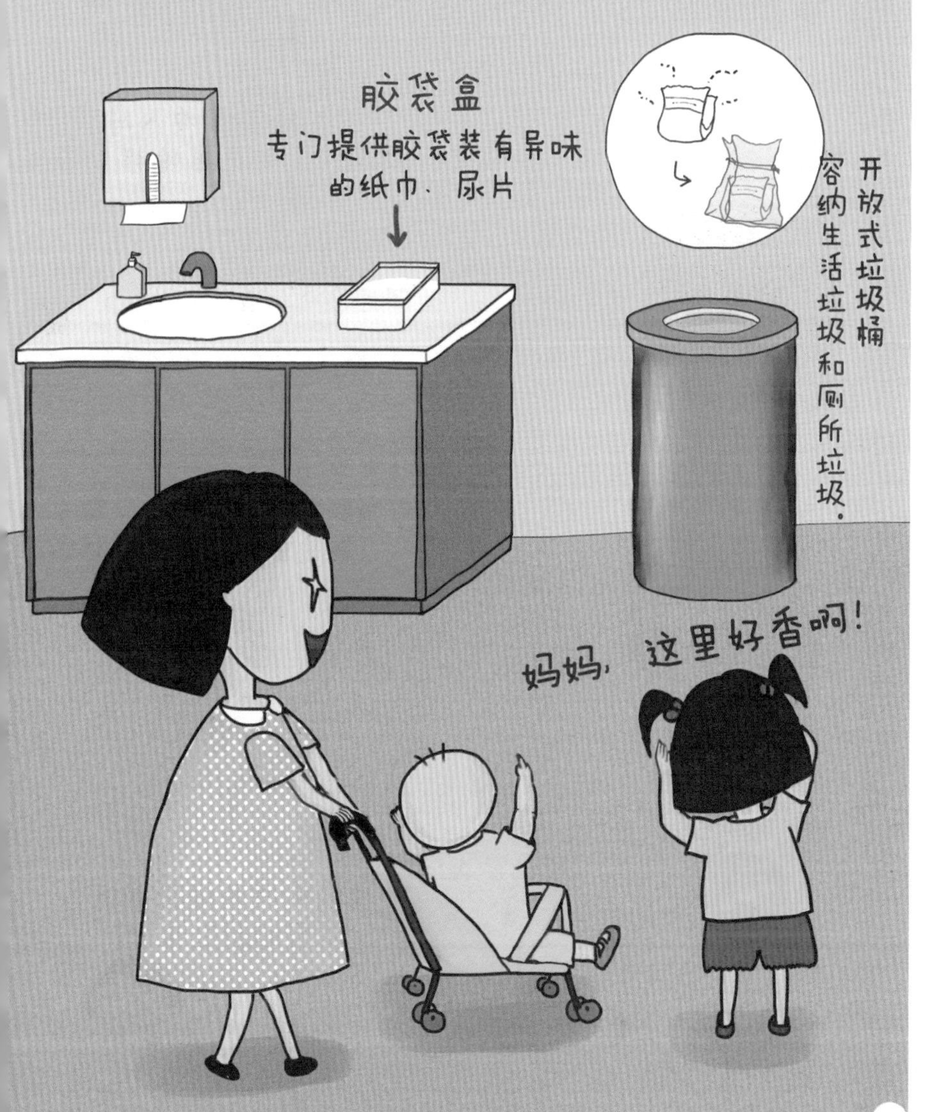

胶袋盒
专门提供胶袋装有异味的纸巾、尿片
开放式垃圾桶
容纳生活垃圾和厕所垃圾。
妈妈，这里好香啊！

根据母婴室改造小家卫生间

常规做法　　替代方案

厕纸直接冲入马桶，
尿片/卫生巾单独打包带走。

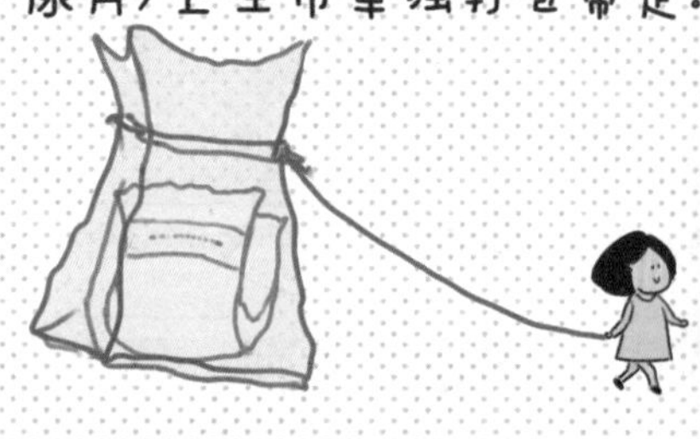

把抽取式纸巾倒过来，放在高
就是高档又卫生的抽纸。

马桶刷使用频率很低，
不用时藏起来吧。

潮湿臭臭三剑侠，再见！

现在：马桶角落里清清爽爽，好干净。

小家的卫生间寸土寸金，既是厕所又是浴室。
少一些杂物，少一些臭气，
即使淋湿个遍，也不糟心。

保持卫生间整洁只有一个秘诀：

使用完毕后顺手
把杂物带走

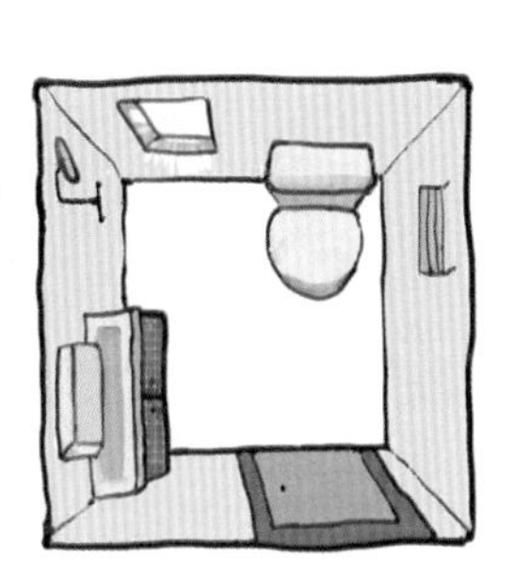

卧室还能怎么用

房产证上是一居室
但可以改成两房哦！

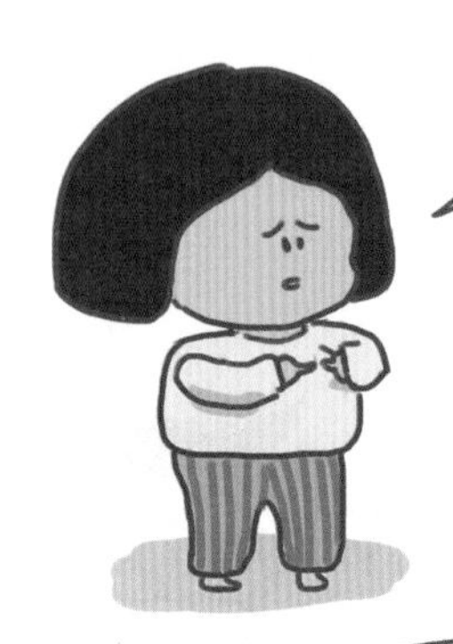
家里已经够小了，
别想着把客厅变房间。

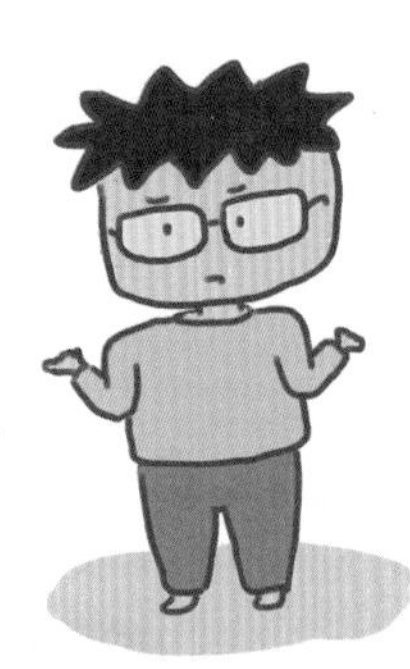
这真是
令人头疼的问题……

问题是：孩子们睡哪里？

从未想过 小家会有两个孩子。

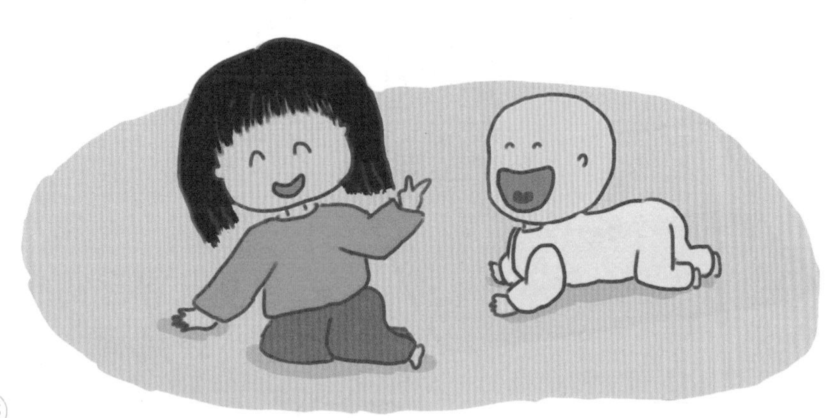

这真是令人头疼的问题……
你们人那么多，
房子那么小，
怎么行啊？！
家里有一张
闲置床，
拿去用吧~
旁人不理解小家庭的烦恼。

理想的家
应该是关起门无人打扰的自在

解决怎么睡之前
先要解决小孩子陪睡问题

情景1：两个孩子不分开
迟迟不能睡。

情景2：
小宝需求多，
冲奶换片操作多。

情景3：
大宝夜间要尿尿，
需要有人在旁。

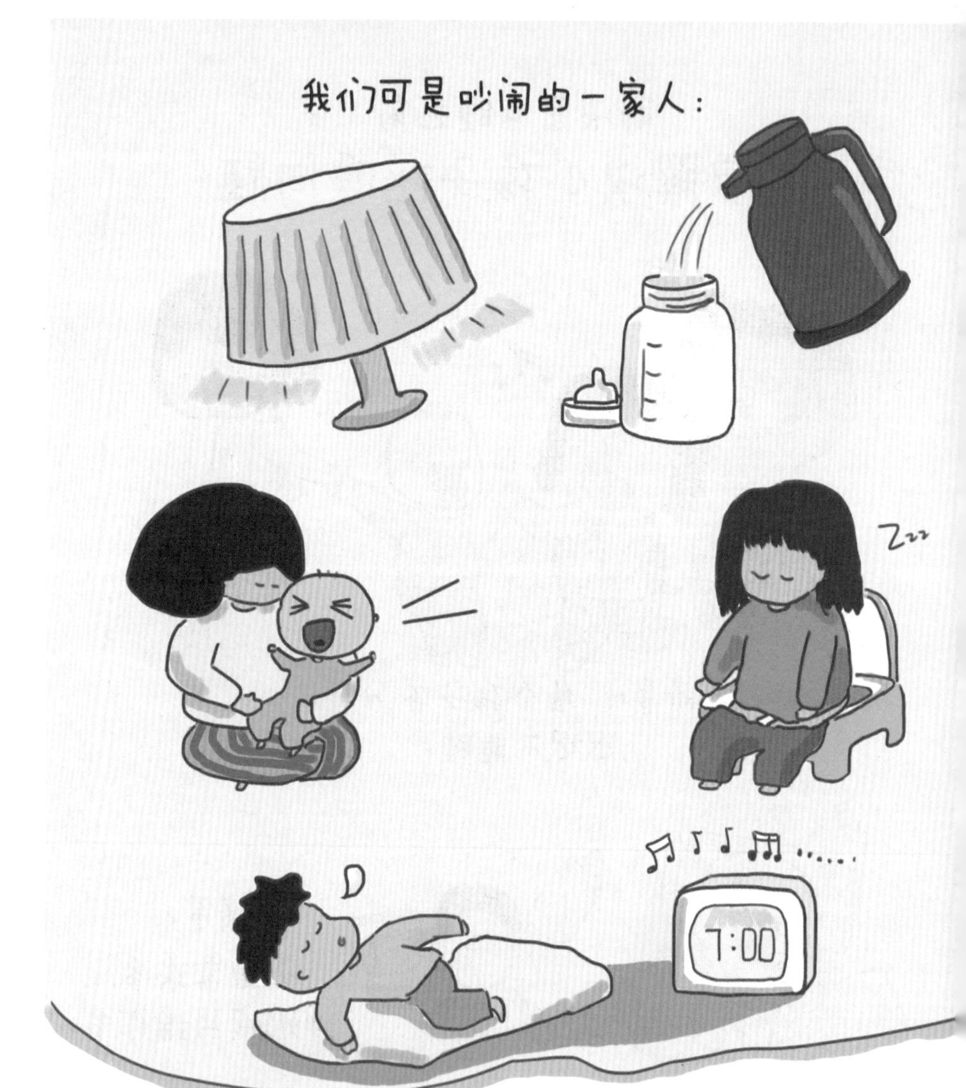
我们可是吵闹的一家人：
Zzz
7:00

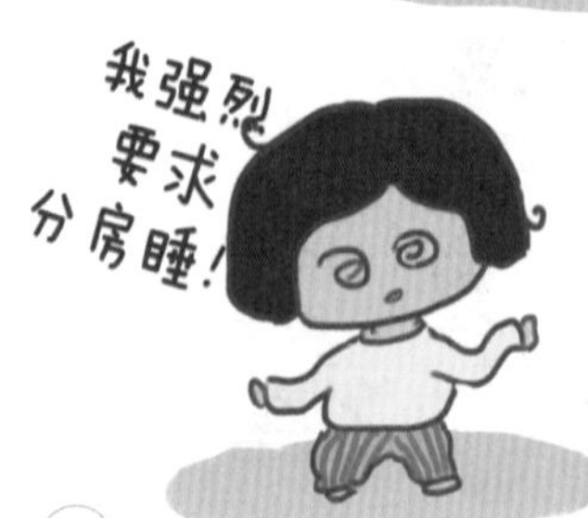
我强烈
要求
分房睡！

一家四口挤一室
结果就是
天天都是黑眼圈

作为深夜噪音的制造者，以及客厅的重度使用者

妈妈和小宝的明智选择是

睡！客！厅！

作为需要早睡早起的上班族，以及卫生间的重度使用者
爸爸和大宝的明智选择是
睡！卧！室！

分开睡的好处：半夜无须出动全家人

分开睡的好处：孩子生病时方便照顾

孩子们帮忙一起打地铺

是每天必备的亲子时光

晚上客厅铺好床铺后……
小两口终于可以躺下来休息

然而……
孩子们
会过来骚扰

没想到
在家看娃如此轻松！
就让孩子们
绕着地铺转圈圈。

孩子睡哪里，这不是问题。

父母应该和孩子
分床睡！

专家说，
小孩跟父母分开睡
有助于健康成长。

就只有一间房，
你说咋弄？！

办法不是没有，但得让孩子接受。

一张简陋的子母床就解决问题

孩子们很喜欢这张床

接下来分床睡就成功在望

我们终于可以解放了！

爸爸，
上面睡好冷！

爸爸，
上面有蚊子！

爸爸，我睡不着……

为孩子买的床变成闲置物品

宝贝乖,
这床是特意
为你准备的!

孩子听话啊,
你答应过妈妈的。

别说分房睡，
现在连分床睡都搞不定。

再认真想想，
哪些细节没做到位？

大人和小孩对睡床硬度需求不一致

孩子长期使用大人的床，
是不利身体发育的哦。

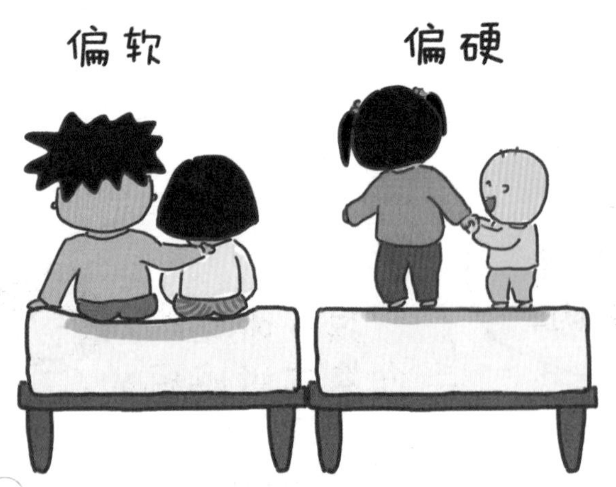

偏软
偏硬

家里每一张床
不是都适合小孩的

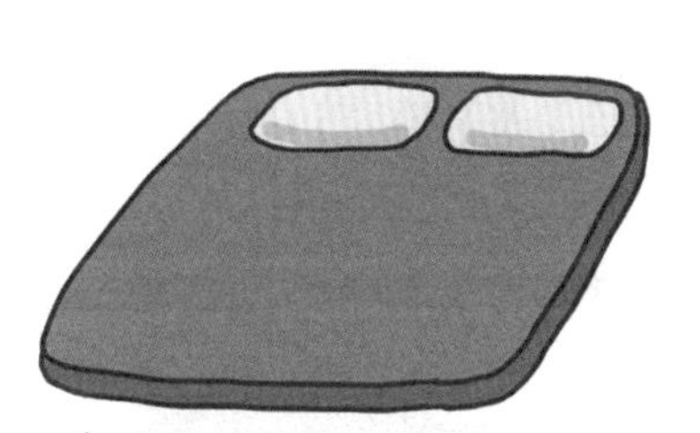

客厅地铺：硬

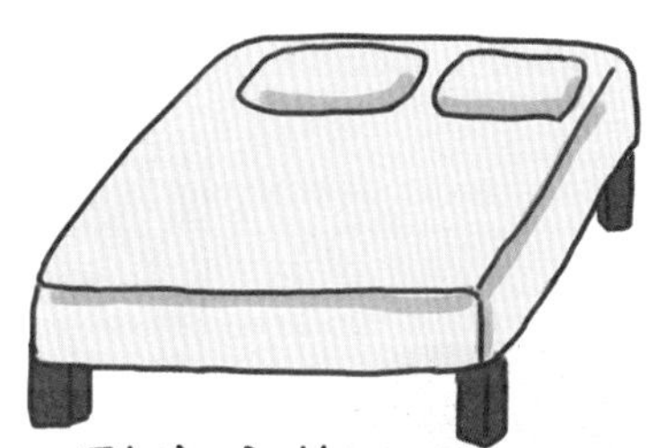

卧室床垫：软

孩子们都喜欢睡客厅
是因为床垫和妈妈的存在吧。

专家的话，还蛮有道理的。

锻炼孩子们单独睡，这是未完成的任务

小家需要做出一点点改变

也许孩子们会睡
硬床垫的新床。

有用么？

两个孩子都喜欢新的硬床

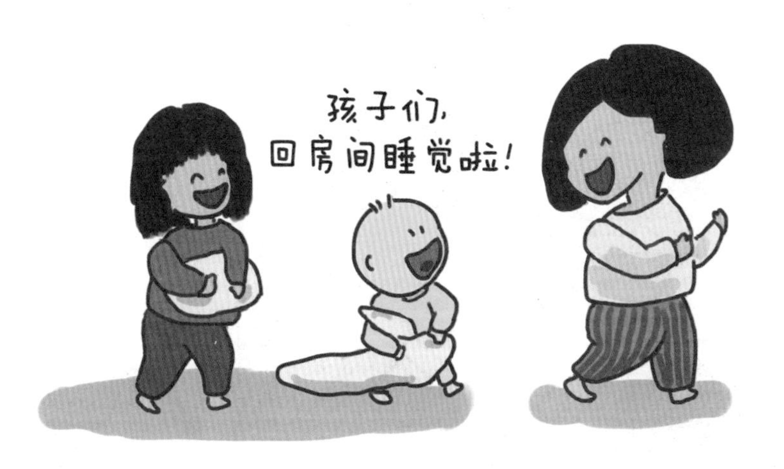

孩子们，
回房间睡觉啦！

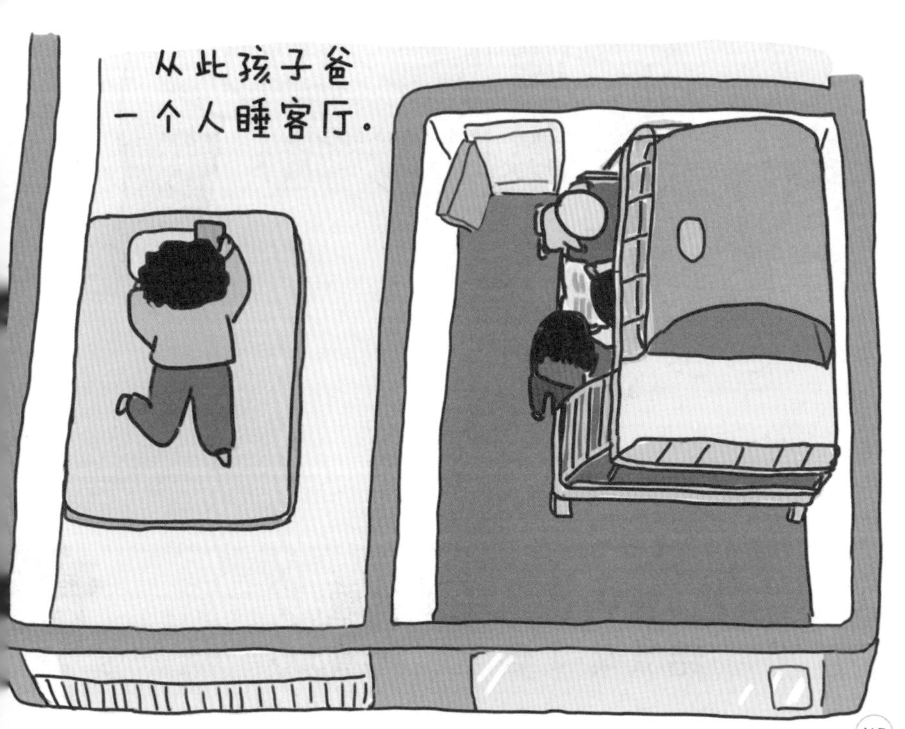

从此孩子爸
一个人睡客厅。

从此上铺就彻底成为
玩具床

想锻炼孩子单独睡，
结果买了件大“玩具”。

阳台派上大用场

一家人不喜欢阳台挂衣服

是有原因的

改用晾衣架 再不也怕采光差

阳台的上半部分不再受衣物遮挡。

将晾衣架往两边放，阳台更空旷

想要阳台没有杂物
还是挺难的

除了杂物，
花草也是少不了

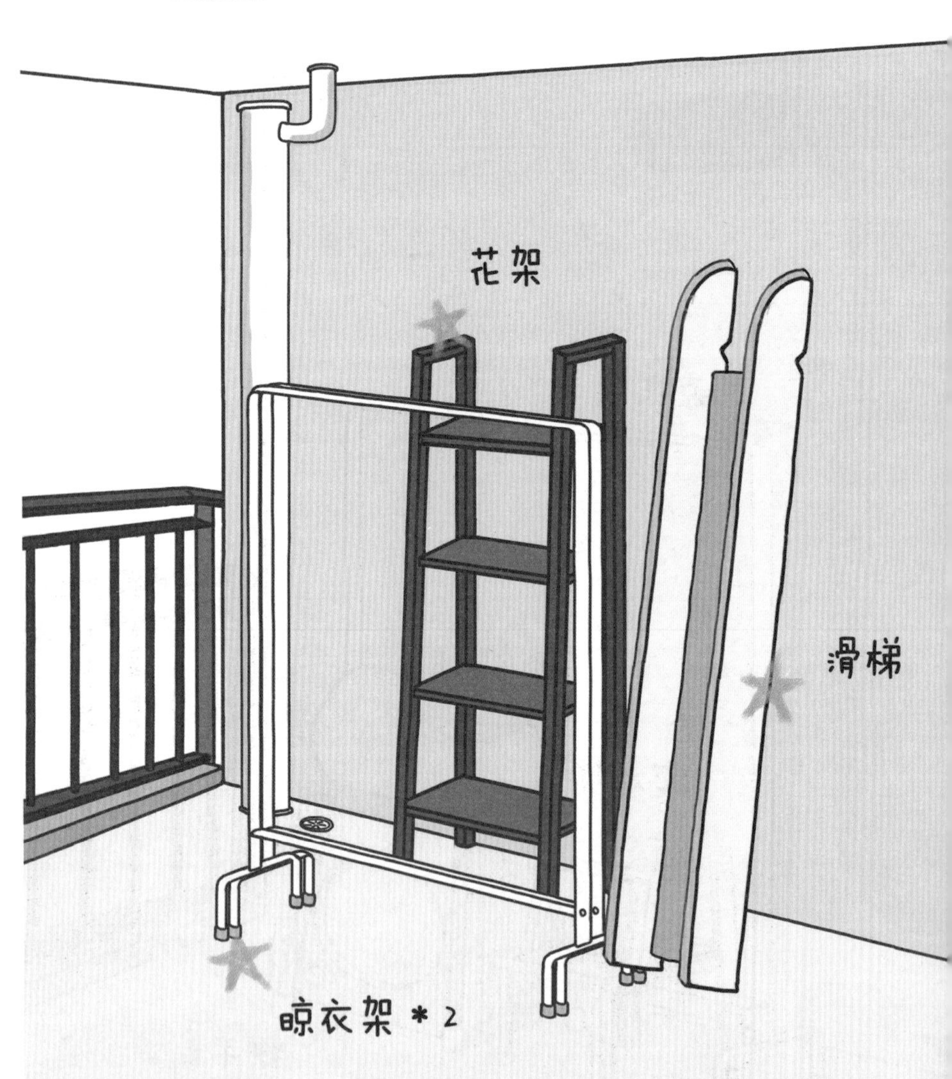

阳台里堆满一家人的玩具

有时候，晾衣阳台

被孩子们玩坏了

孩子们想在阳台里摆下大型玩具

哼！我也能变出儿童厨房！

工具箱

参考
设计图
这个是……

实际上孩子们挺喜欢这个庞然大物

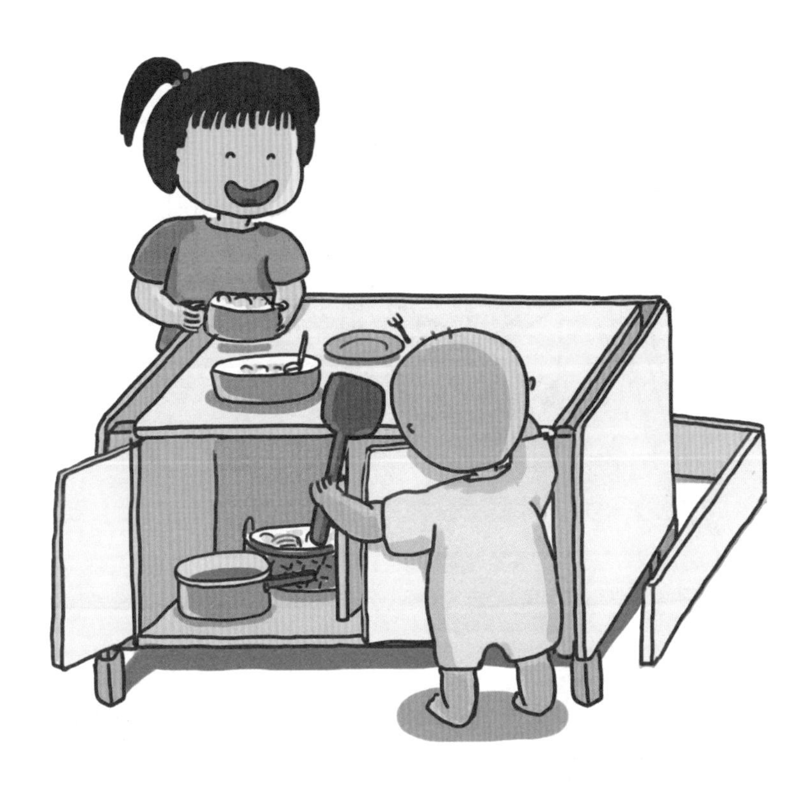

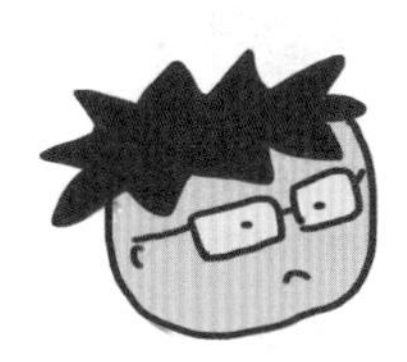

早知道花钱买算了！

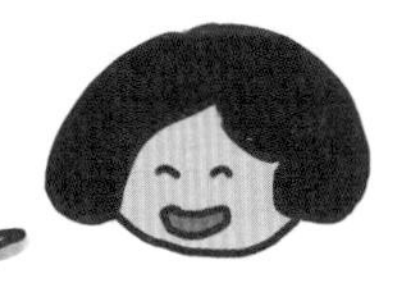

哈哈哈，没关系
孩子们挺喜欢的嘛。

孩子们在阳台创造多种玩法：

1. 开商店

2. 唱kTV

3. 建房子

看来阳台终究是
拿来堆放杂物。

好像挺有道理。

那我们家就堆得
好看点嘛！

阳台是拿来晾衣堆杂物的，
但也可以很好玩！

PART THREE

亲子互动
小屋子化身游乐场

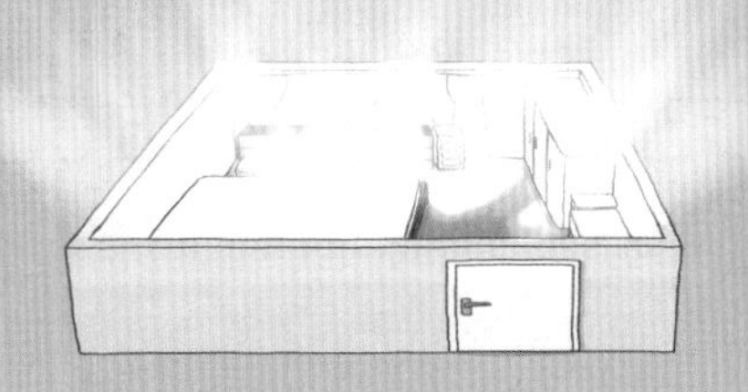

夏日波波池

天呀！好热啊！！

喝冷饮、吹空调
暂时能让孩子们停止嗷嗷叫

在空调房里一直待着
始终无法忽略
恼人的暑气
妈妈，
在家好无聊哦

带年幼的孩子们外出游泳
必将是累坏老母亲的
高难度动作
还是待家里
最舒服
在家里
一点都不好玩！
啊啊啊啊！
不含酒精的
瓶装汽水

好无聊哦，
我们去找东西玩
嗯嗯！

从这里翻出来
被发现了……

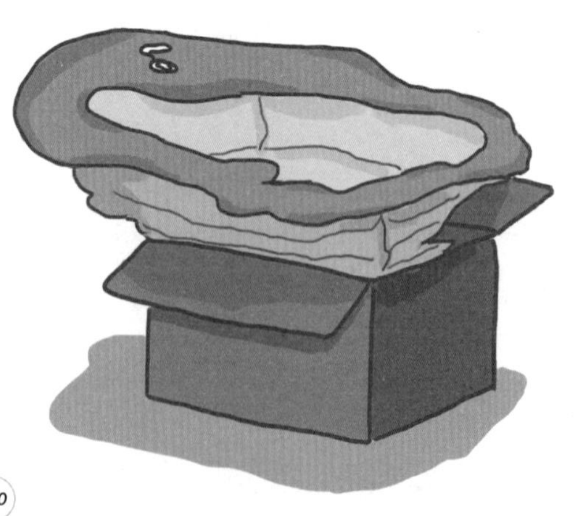

很快就
被遗忘在角落里
闲置

我藏得那么好
还是被找出来……
索性就
让孩子们玩吧！

在正式开始之前
孩子们必须
一起收拾

腾空阳台
就有地方给孩子们
玩充气泳池
（这边是阳台栏杆和玻璃门）

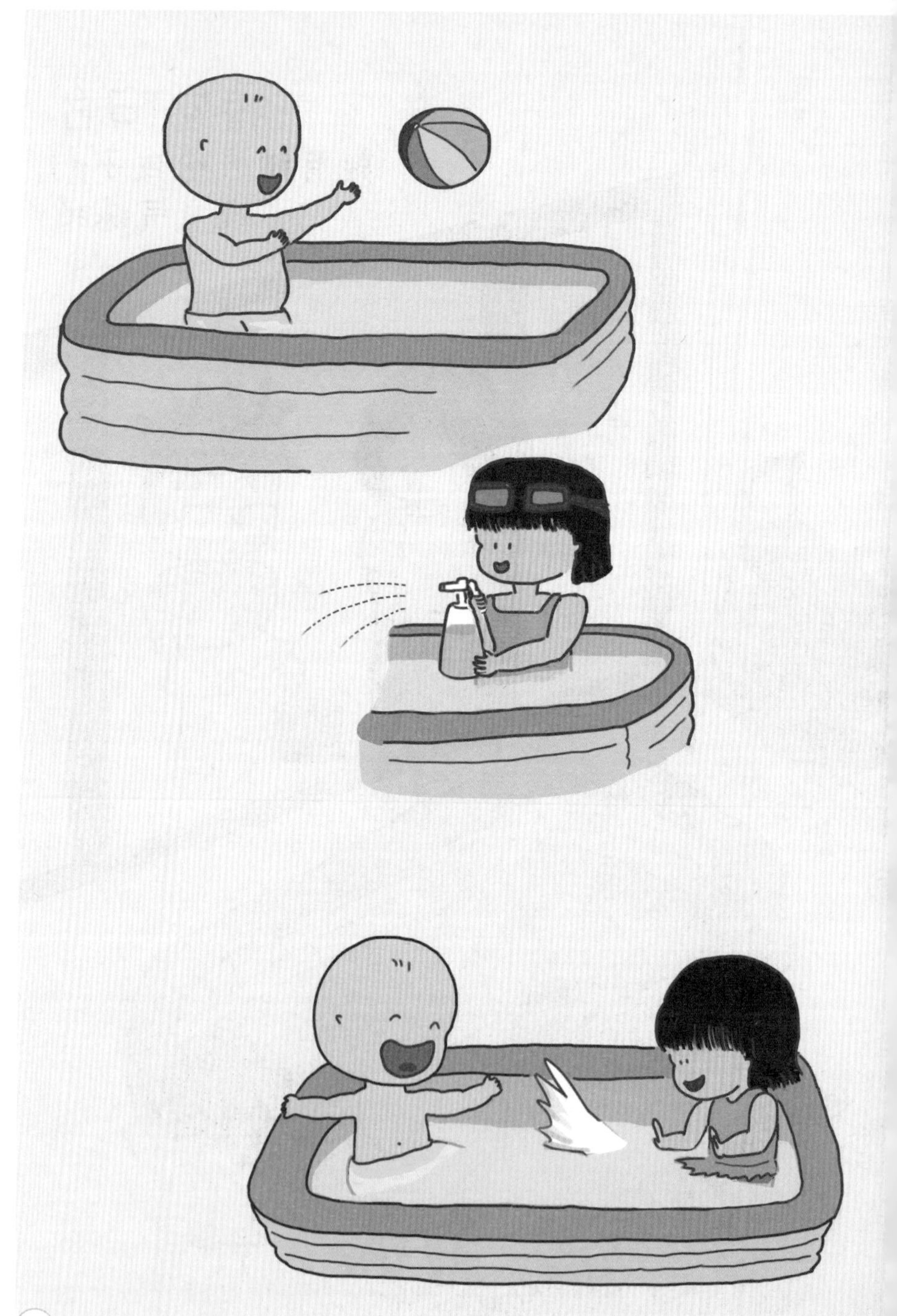

放心玩
需要以下几步

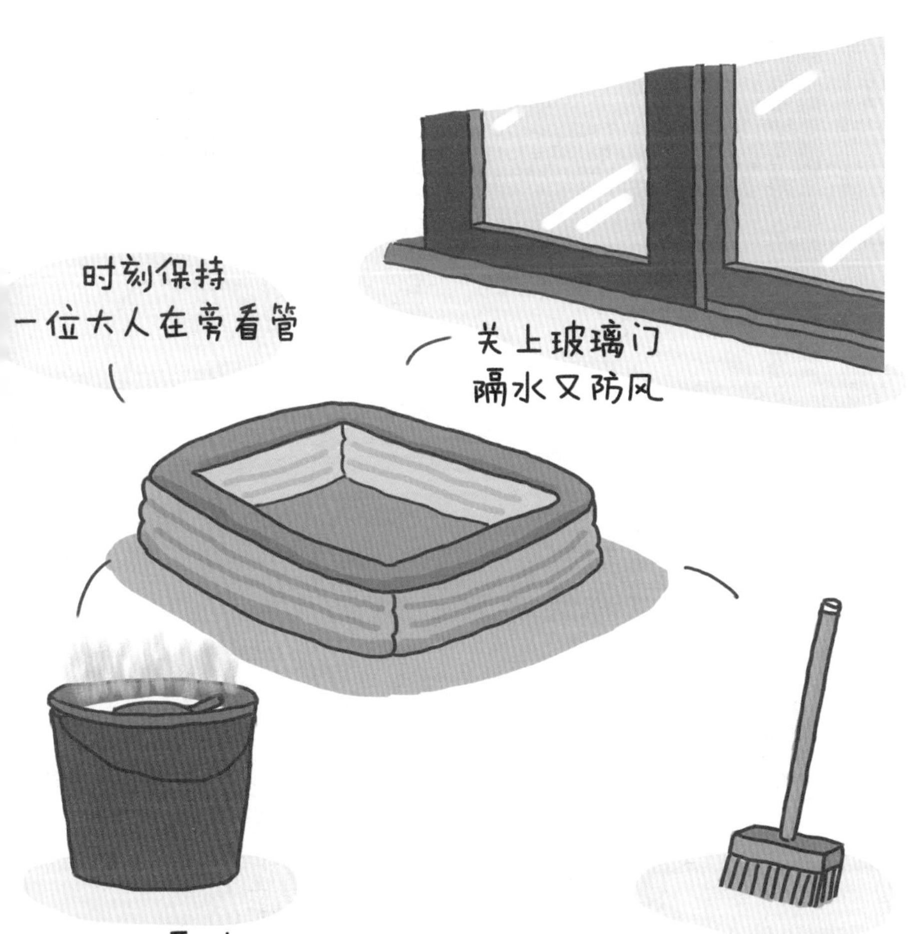
时刻保持
一位大人在旁看管
关上玻璃门
隔水又防风
必要时
加点热水提高水温
最后来一场阳台大扫除!

阳台栏杆那侧也有玻璃门，图中省略未画。

孩子们玩得开心
妈妈就有时间围着自己转

终于可以在家消暑了！

开心玩
需要以下几样东西

冷饮、零食

戏水玩具

洗澡玩具

泡泡器

客厅游乐场

50平方米
够两个熊孩子玩耍吗？

暑假有段时间，
姐姐跟着老人家去乡下短住，
家里只剩下弟弟在家。

50平方米住一对夫妻和一个婴儿，
感觉挺不错。

等到姐姐回来，
两个孩子联合起来捣乱。

我的天呀！
熊孩子的破坏力瞬间放大N倍，
把这个家变成游乐场！

假期连日多雨，
孩子们只能窝在家里，嗷嗷叫想去户外滑滑梯。

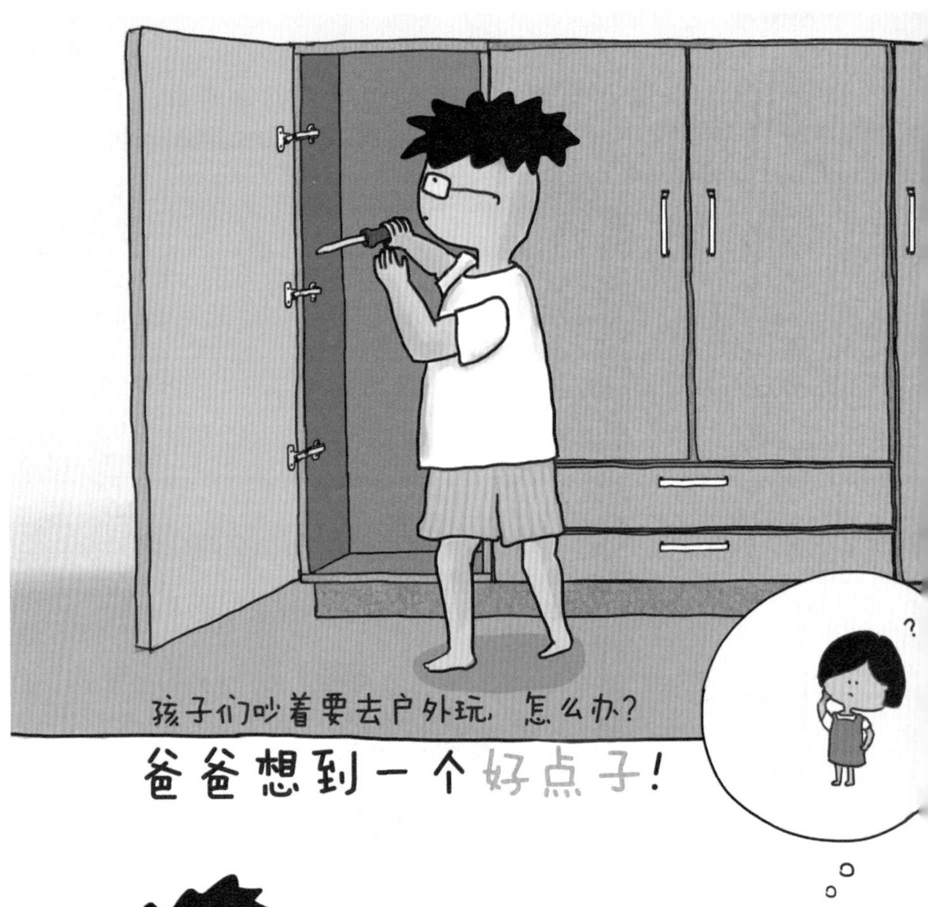
孩子们吵着要去户外玩，怎么办？
?

爸爸想到一个好点子！

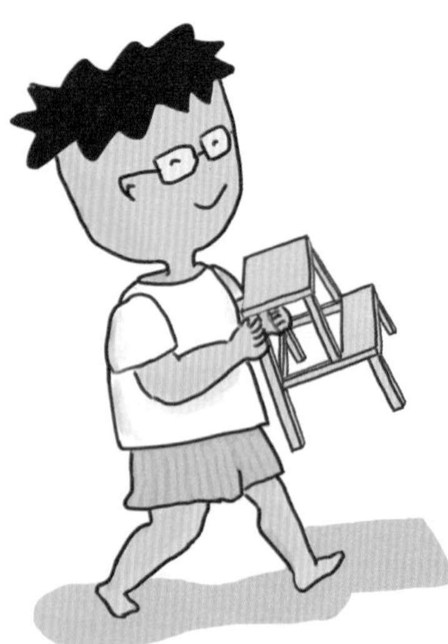

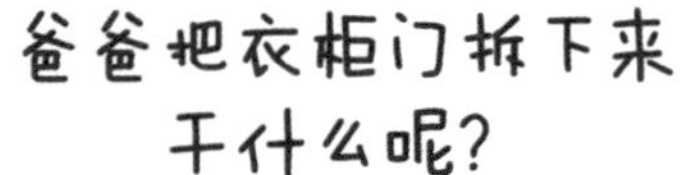
爸爸把衣柜门拆下来
干什么呢？

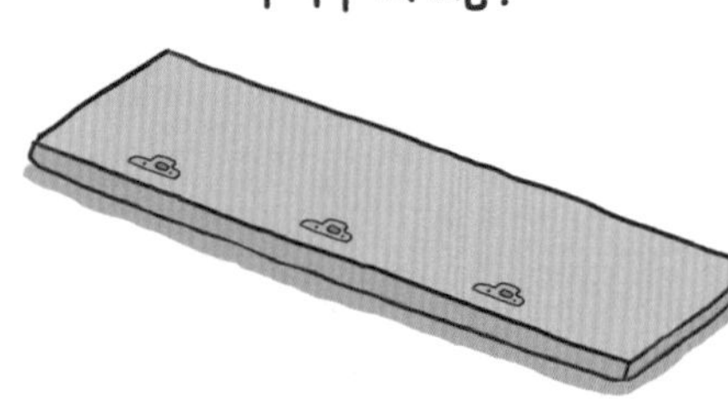

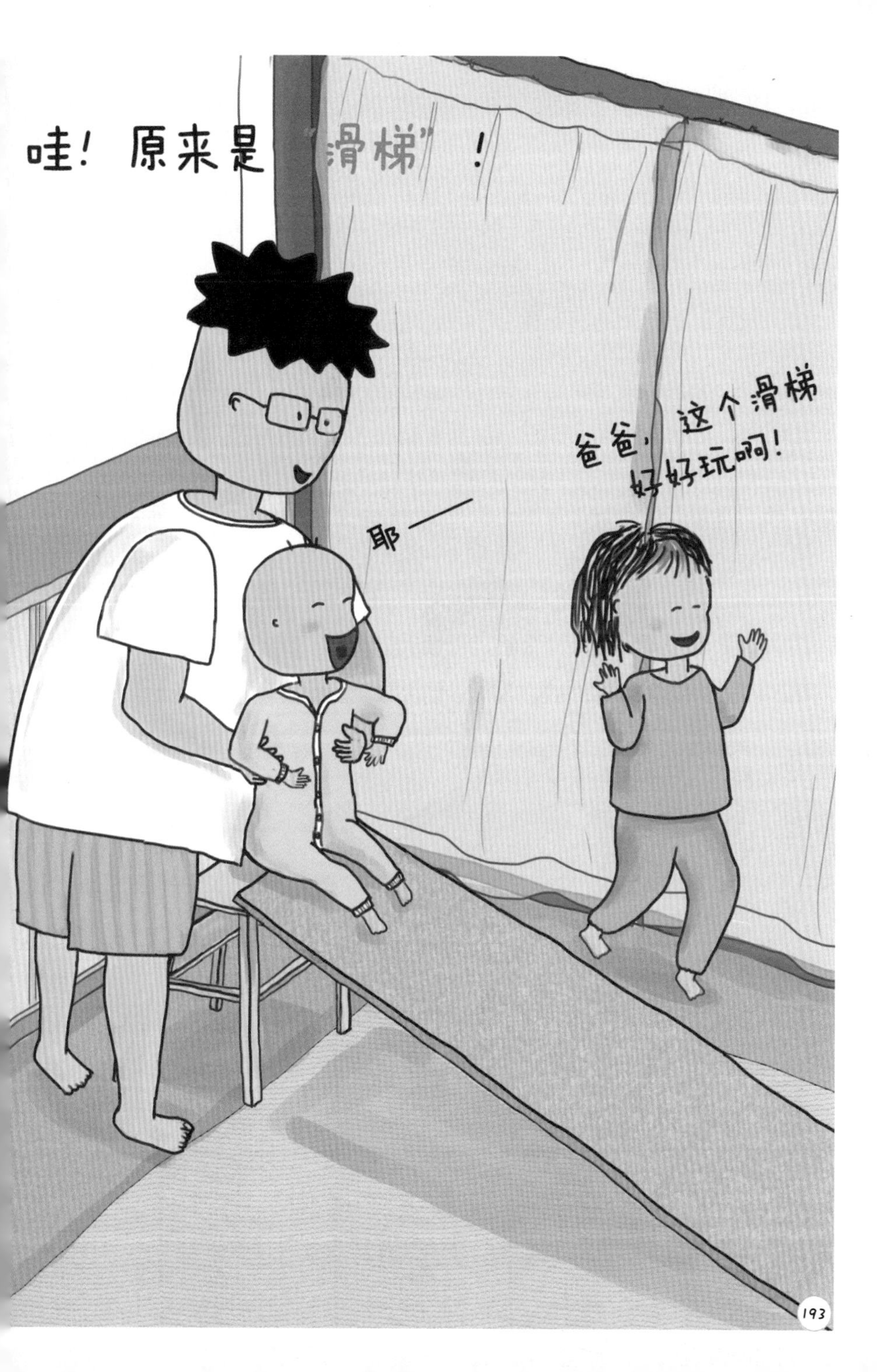
哇！原来是“滑梯”！
耶——
爸爸，这个滑梯好好玩啊！

自从客厅有了“滑梯”，
孩子们就沉浸在游乐场气氛里。

孩子们一起床就去拆柜门
看来要我出场
亲手做一个^_^
天气转晴，孩子们却不想到户外玩，
念念不忘自家的“滑梯”。

孩子爸动手做滑梯

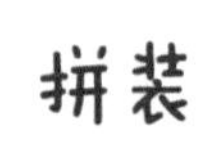

在大人的看护下，
小朋友可以在家享受滑滑梯的乐趣。

Jie—

客厅游乐场的N种模式

除了滑滑梯，客厅还有很多玩法。

模式A：隧洞

客厅和餐厅之间的储物柜，
中间是40*40CM的洞洞，
弟弟刚好可以钻过去。

（玩具筐可承受婴幼儿的体重而不变形）
孩子们把储物柜里的
玩具拿来下，
就可以当“隧洞”钻来钻去。

两个孩子可以自己玩耍，
姐姐会在“隧洞”另一头保护弟弟。

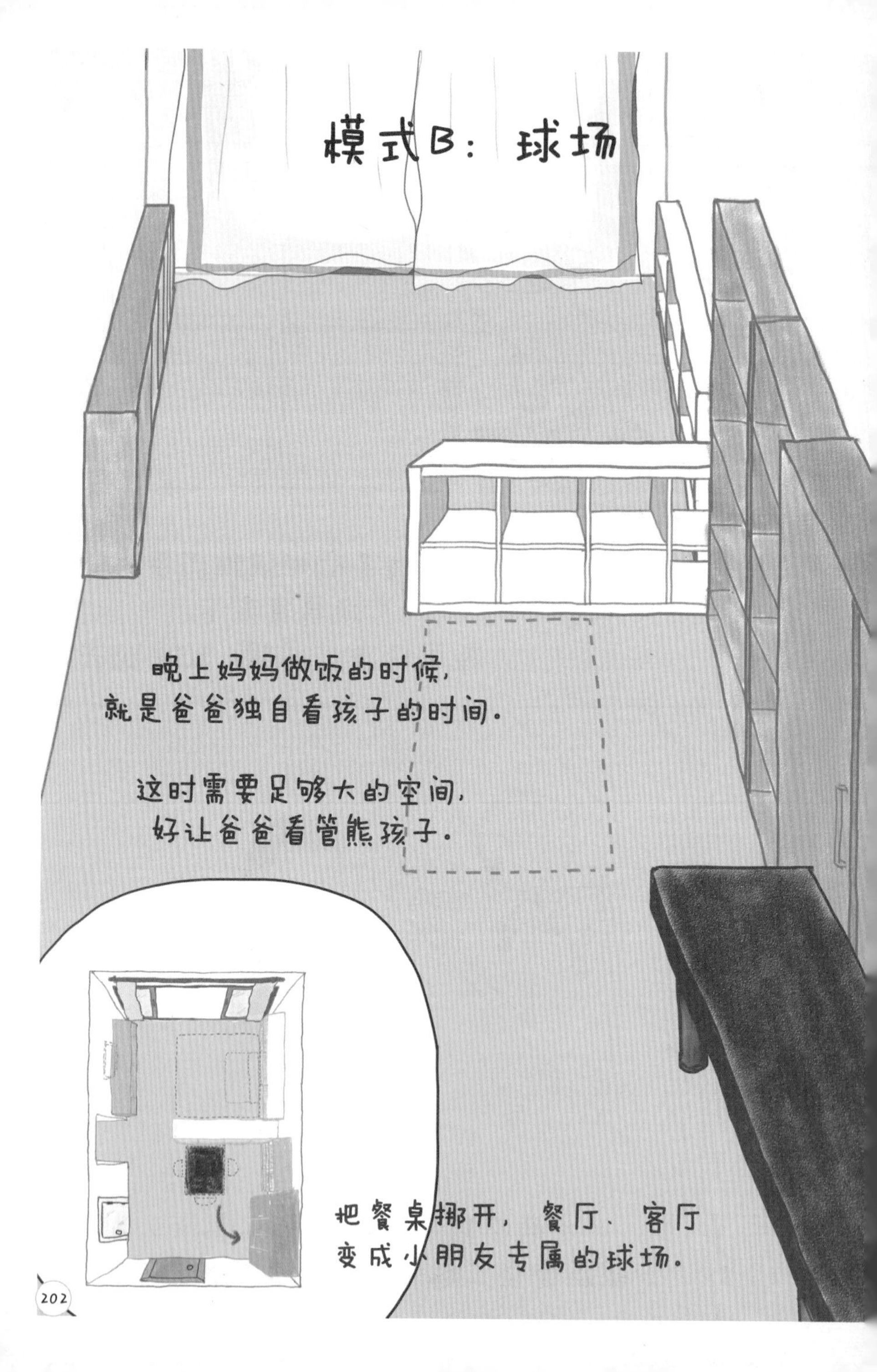
模式B：球场
晚上妈妈做饭的时候，
就是爸爸独自看孩子的时间。
这时需要足够大的空间，
好让爸爸看管熊孩子。
把餐桌挪开，餐厅、客厅
变成小朋友专属的球场。

爸爸带孩子，最简单粗暴的方式：

让孩子们当球童

让孩子们跑来跑去，
消磨体力和时间，一举多得。

弟弟，姐姐准备
扔球过来哦！

看我的！

客厅的“球场”模式

孩子们玩得开心时，
不时会想起在厨房
忙碌的妈妈。

弟弟终于抢到一个球，
好开心，来找妈妈。

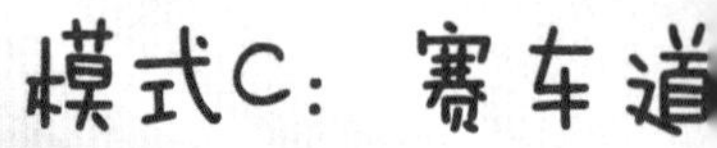

模式C：赛车道

玩轨道小火车，
小小的客厅基本够用。

孩子们想玩啥？

孩子们不满足玩玩具车。
想把客厅变成赛车道，
纸尿片纸箱就可以做得到。

小纸箱只能容纳小朋友。

不过姐姐推着弟弟，
跑到厨房门前跟妈妈打招呼，
让妈妈也感受下赛车的乐趣。

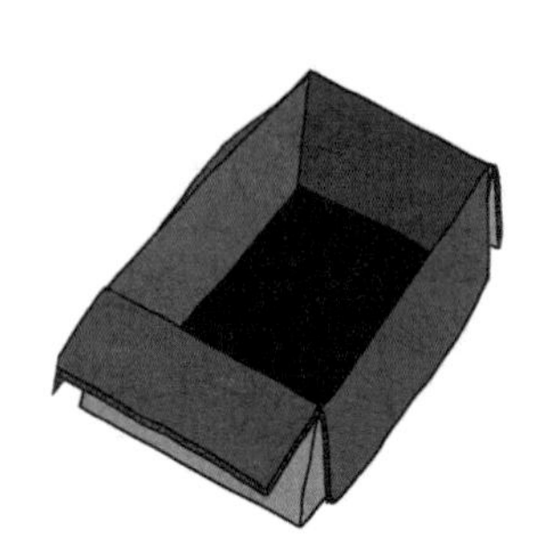

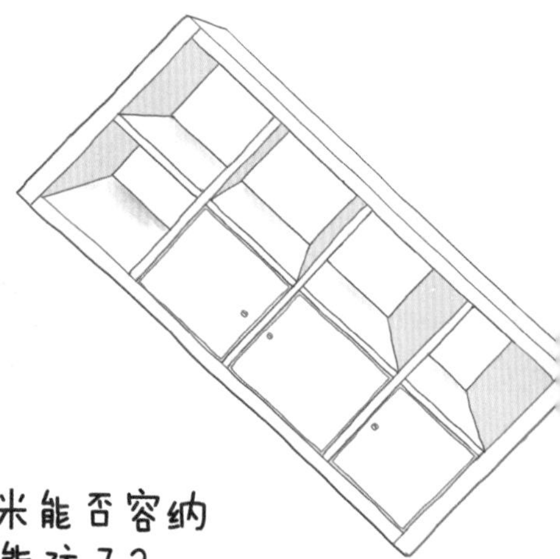

50平方米能否容纳
两个熊孩子？
这个问题没有标准答案。

利用身边的家具，
创造出有趣的玩法，
也许会让孩子们更恋家。

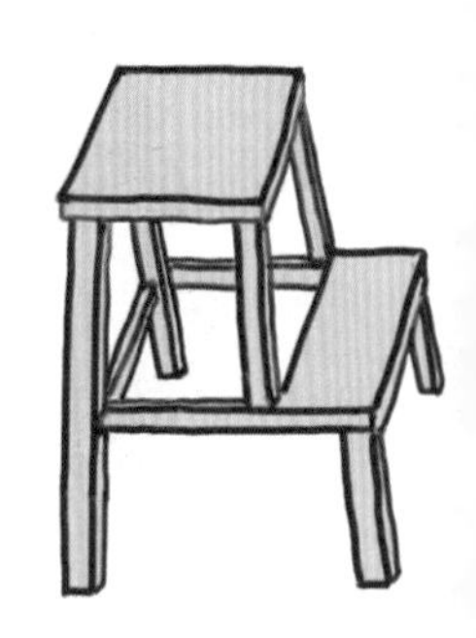

在孩子们眼里，
这样的小家
不比外面的游乐场差。

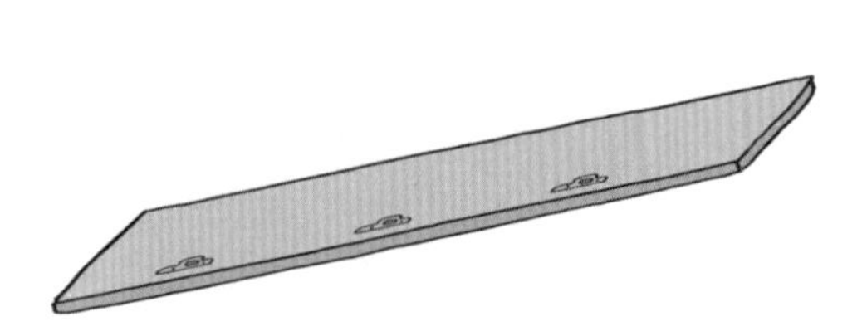

小家变成游乐场，会不会乱七八糟的？
把家具收拾整齐，家里瞬间恢复常态。

孩子也参与

妈妈，
老师说被子
要带回家！
XX幼儿园
专用被袋

到了暑假

孩子们的衣橱面临大考验

冬衣、冬被还有学校寝具，我的天！

这下子
要好好整理

为什么有孩子的家庭
衣橱里总是塞满衣服？

因为小孩子比女人更需要买买买
迅速成长的孩子站在那里，
浑身上下都是BUY家的理由。

家有2台行走的碎钞机

衣服永远都在整理ING

孩子们，
我们一起来整理衣服吧！

将孩子们的旧衣服按尺码整理

孩子们的旧衣服，一个衣柜不够用

IKEA收纳箱
长59CM宽44CM高18CM
容量接近登机行李箱
辛苦整理后
又放回原处？？

这个暑假
决定与旧衣服彻底说再见
1. 几乎全新的
送给需要的朋友
2. 中性颜色
留给小宝
垃圾桶
3. 大多数穿旧穿烂的
就舍弃吧

清理掉不合身的衣服
孩子们的衣橱
只需两个小斗柜
妈妈，这边是我的！
幼儿园
被袋
衣橱有剩余
才能毫无负罪感地
买买买~

拥有轻松的衣橱，
就可以过一个轻松的暑假购物季！

给孩子们
按需买衣服
省钱又省心！

衣服包饺子

晚饭过后
好啦，
吃完饭准备洗澡。

快走！

还不去
洗澡
！！

（轮到我快跑）

哎，好多衣服要叠。

两个小家伙很快会
过来捣蛋

妈妈，
我们洗好啦
你在干什么？

妈妈，
我也来帮忙！
（不要啊）

小宝，我也来跳
与其多一个熊孩子捣乱，
还不如多一个小帮手。

来来来，妈妈教你叠衣服
好呀！

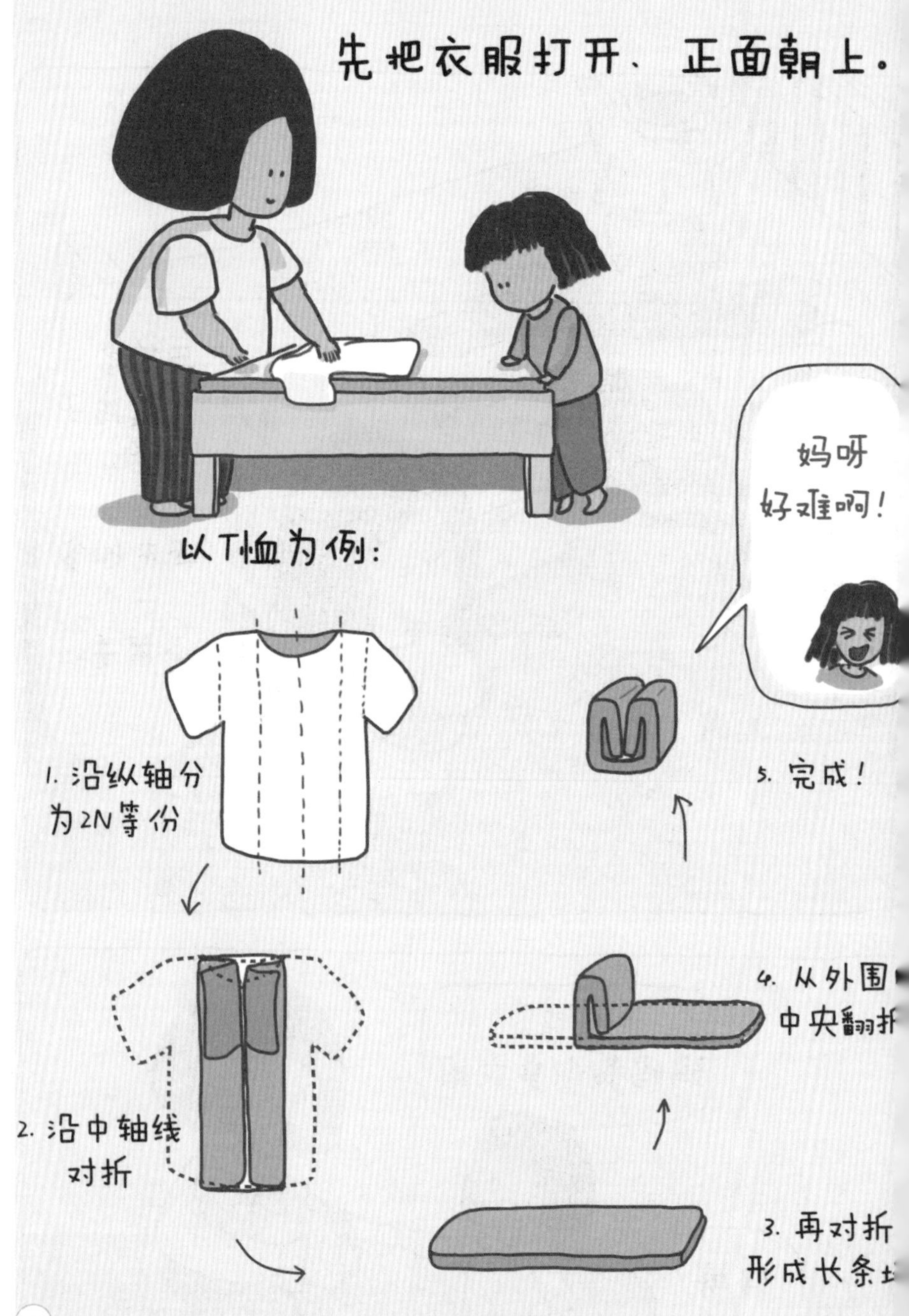

先把衣服打开、正面朝上。
妈呀
好难啊！
以T恤为例：
1. 沿纵轴分
为2N等份
2. 沿中轴线
对折
3. 再对折
形成长条
4. 从外围
中央翻折
5. 完成！

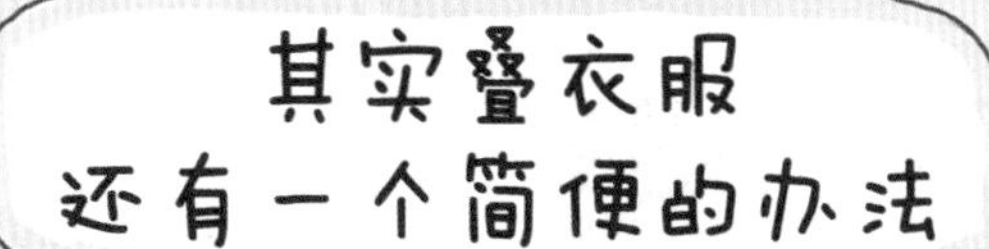
其实叠衣服
还有一个简便的办法

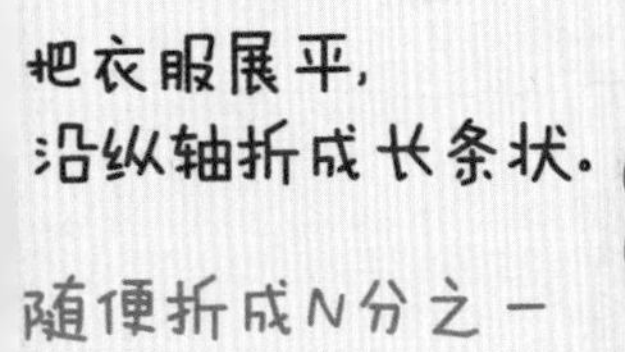
把衣服展平，
沿纵轴折成长条状。
随便折成N分之一
都可以。）

2.
持
条状

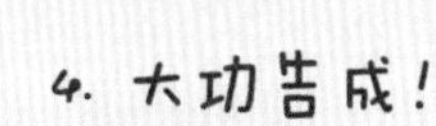
4. 大功告成！

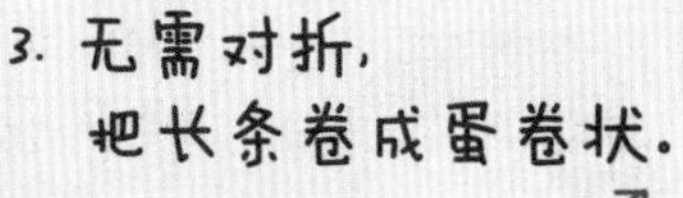
3. 无需对折，
把长条卷成蛋卷状。

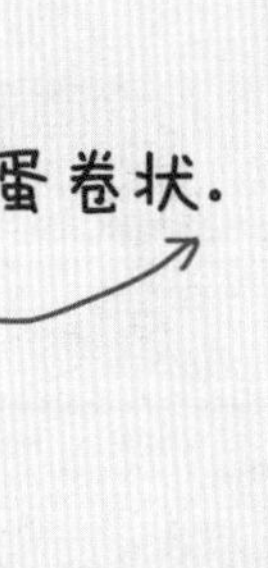

妈妈你看，
我也会叠衣服哦！

很不错！
那你来叠小孩子的衣服吧。
嗯！

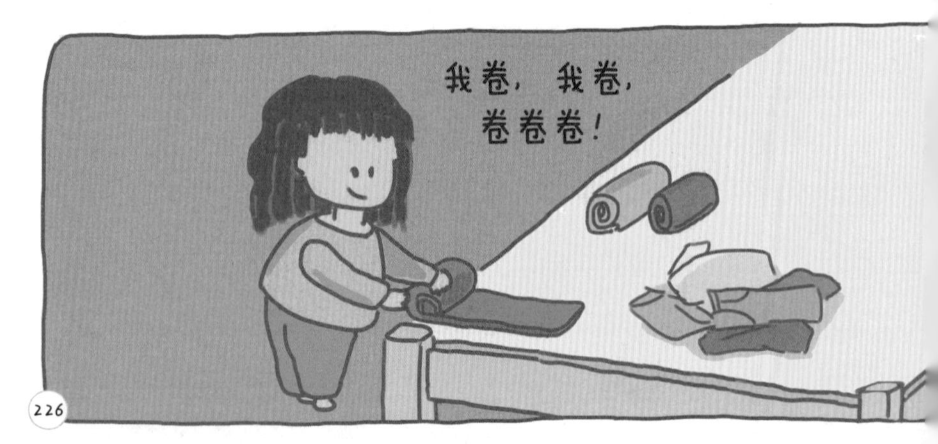
我卷，我卷，
卷卷卷！

那小内裤
该怎么叠呢？

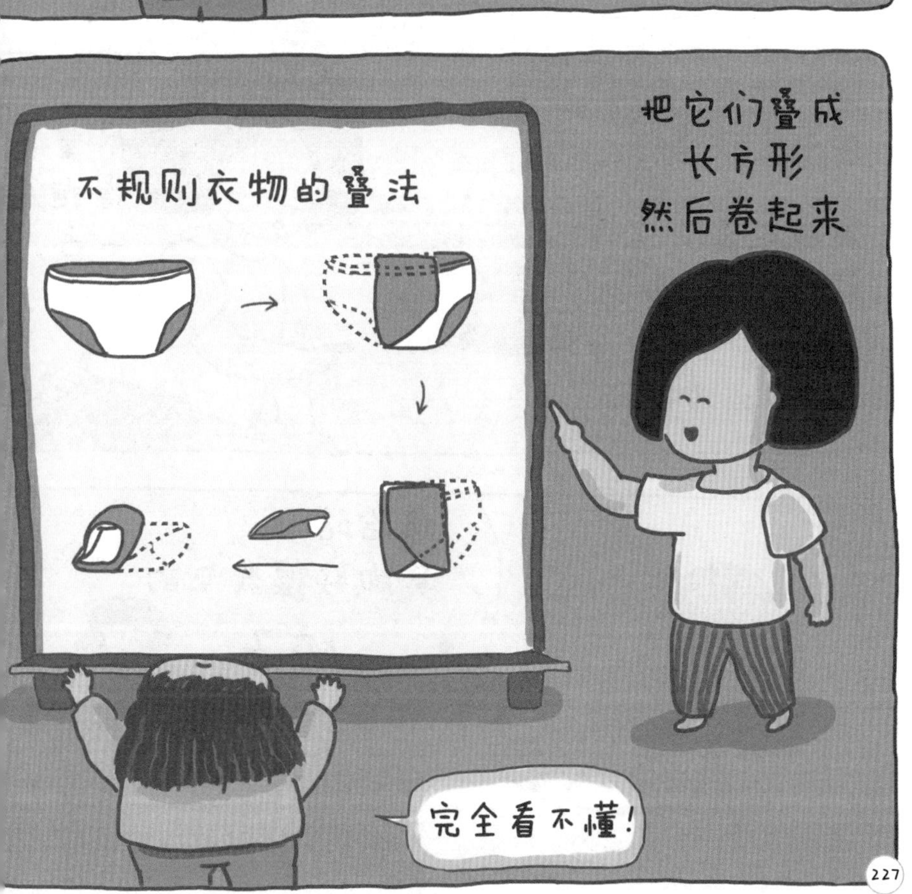
不规则衣物的叠法
把它们叠成
长方形
然后卷起来
完全看不懂！

你会
包饺子吗?
会啊。

把内裤叠
成长条状,
卷起来塞
进裤头里。
内裤裤头
尽量塞
得饱满
一点。

哈哈哈
真的好像我包的
饺子

这是我叠的衣服和“内裤饺子”！
好棒！

那你知道叠好的衣服放哪吗？
我知道
我都知道
内衣区
上装区
下装区
校服区

PART FOUR

细心整理

多家务也会变少少

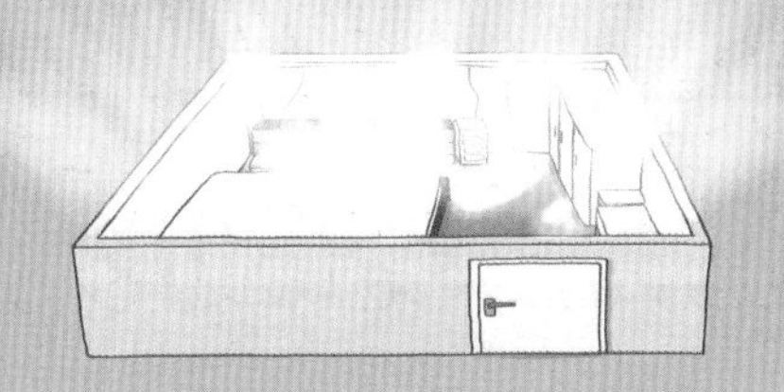

列出“必做表”解放劳动力

家里虽小，
但一贯是整整齐齐。

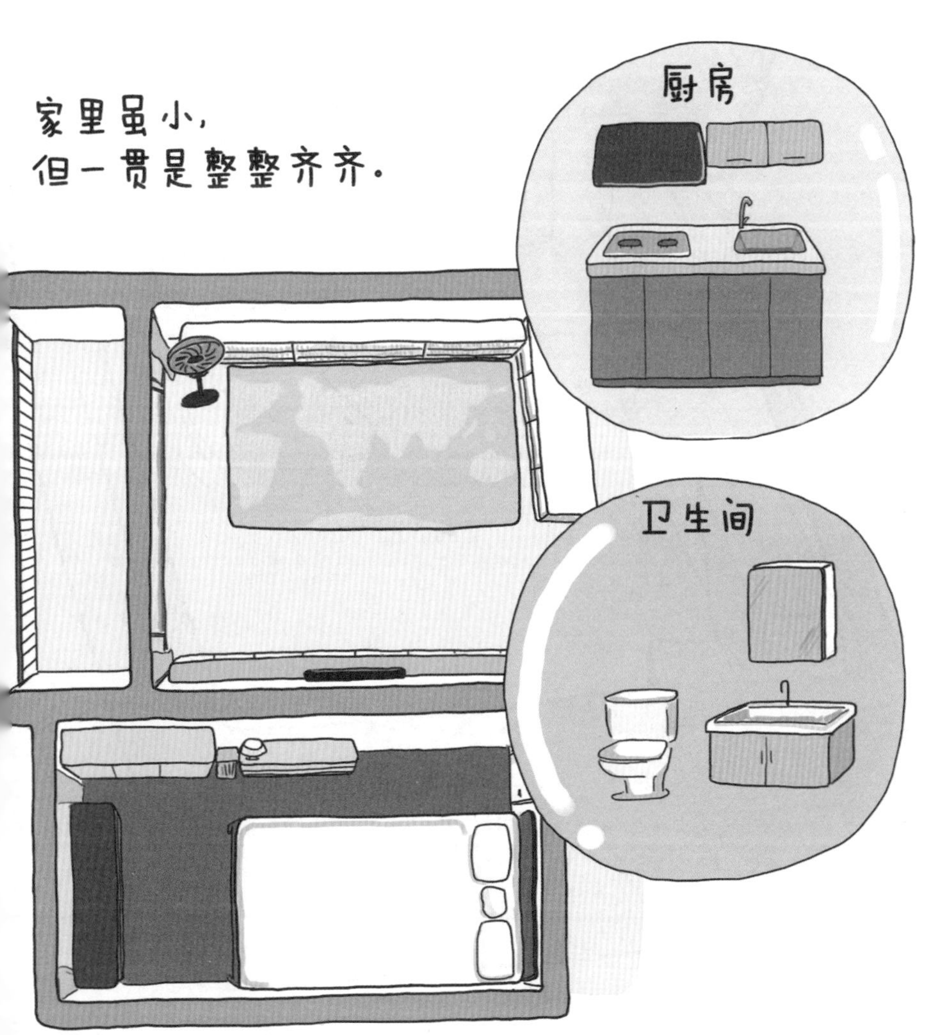

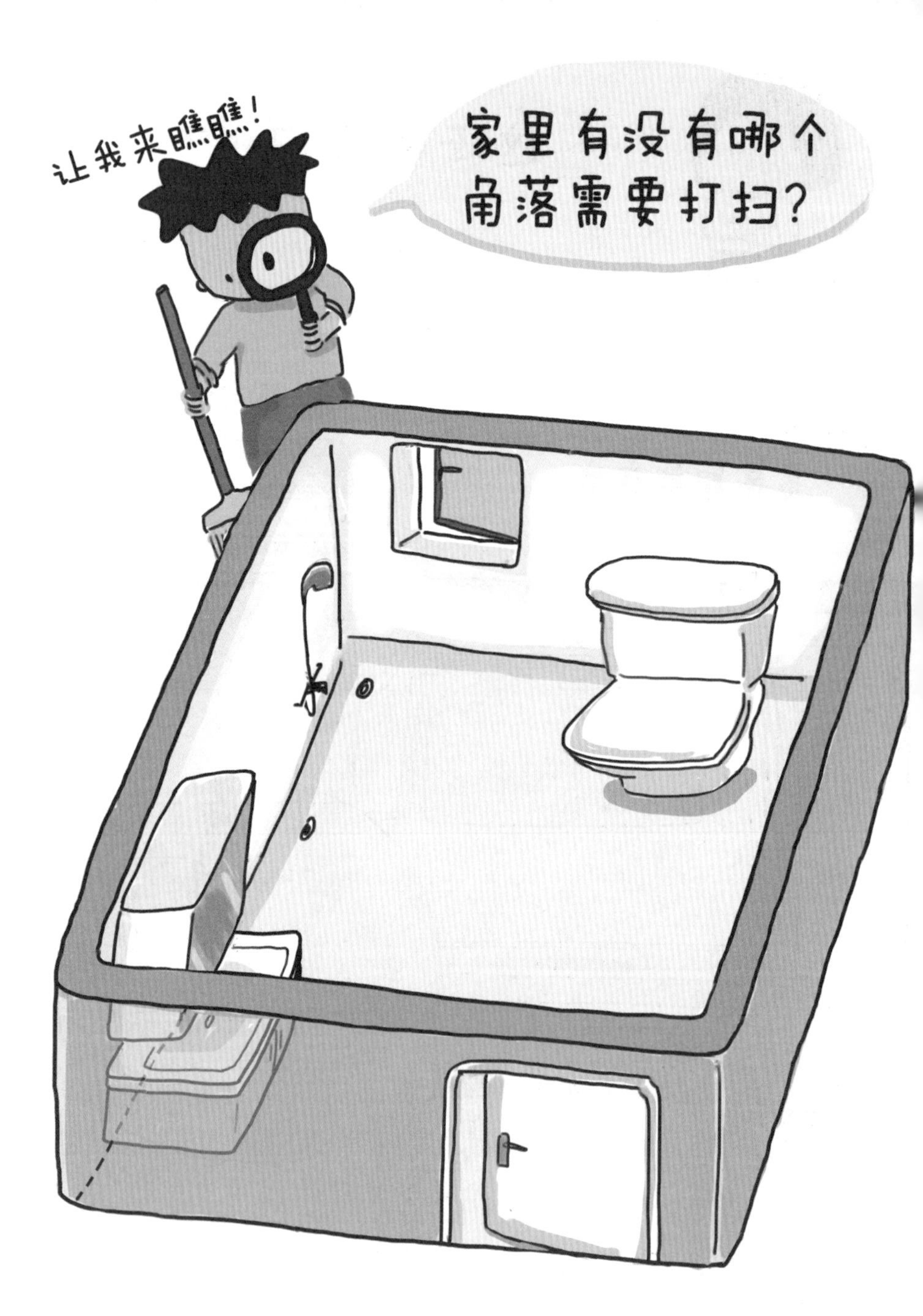
让我来瞧瞧！
家里有没有哪个角落需要打扫？

家里蛮干净的，
哪有“大扫除”的份儿？

你忘了，
我们平时都有打扫的呀。

也是哦。
过年前这几天就轻松多了。

我们还是检查一下
有没有被遗忘的角落。

每日必做：整理衣物和房间

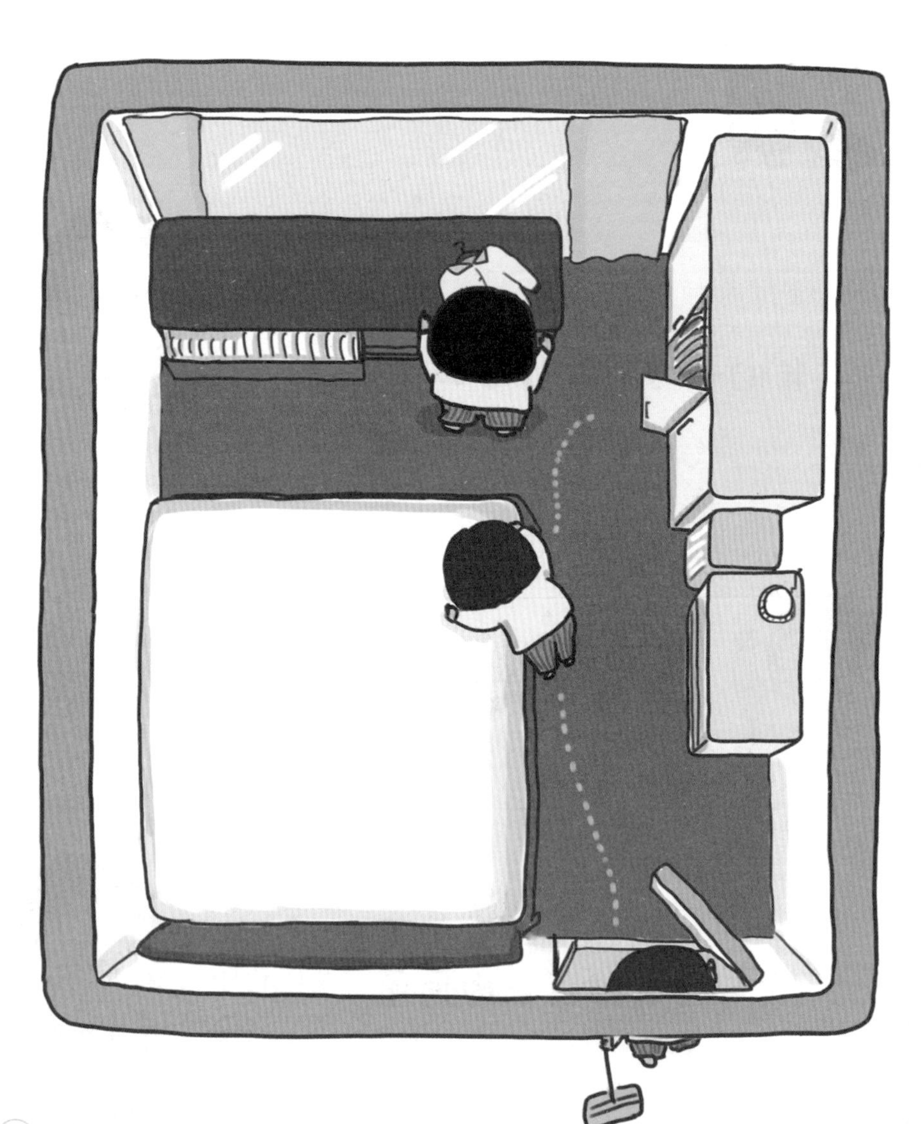

每周必做：打扫卫生间

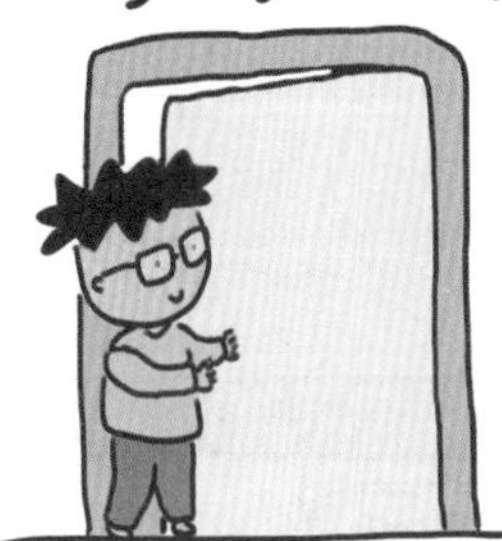

亲爱的，你要上卫生间吗？
顺便打扫一下呗！

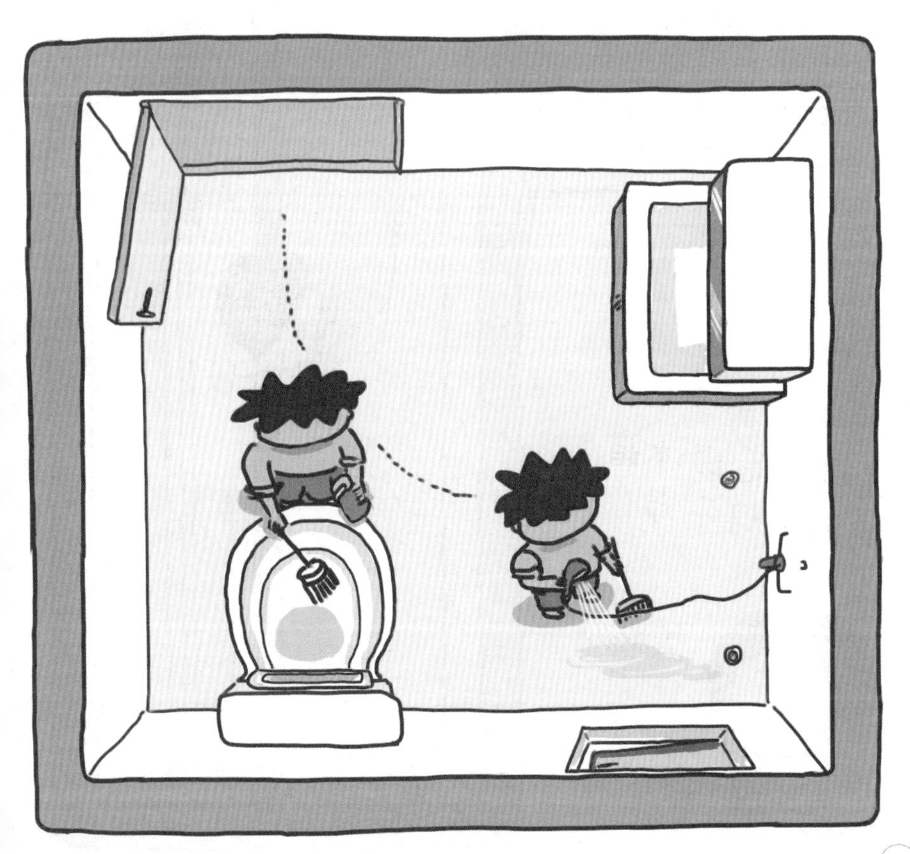

每月必做：深度清洁小厨房

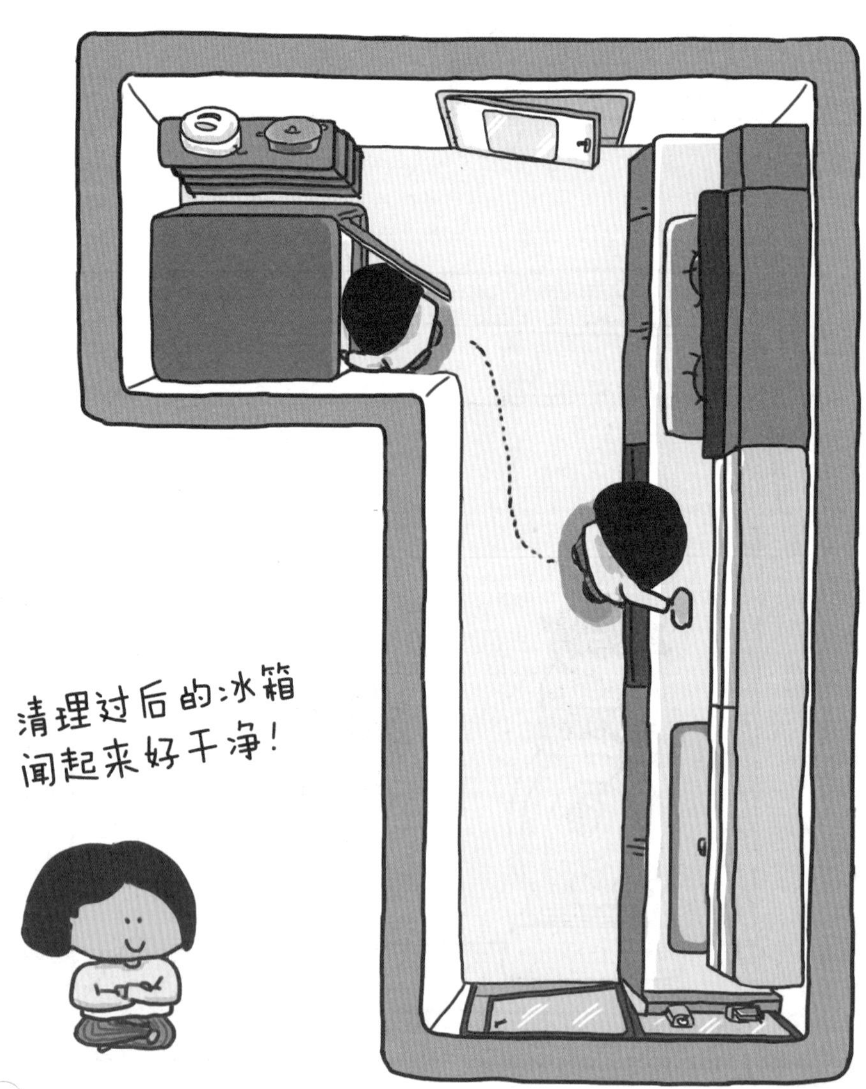

哪天受不了就
整理玩具

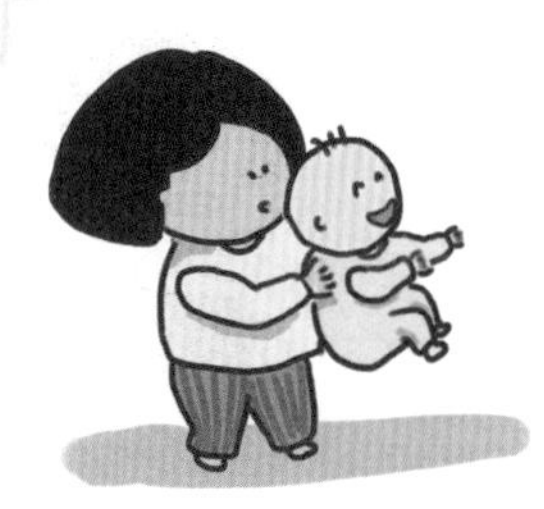

你把小宝带出门，
我带着大宝整理一下！

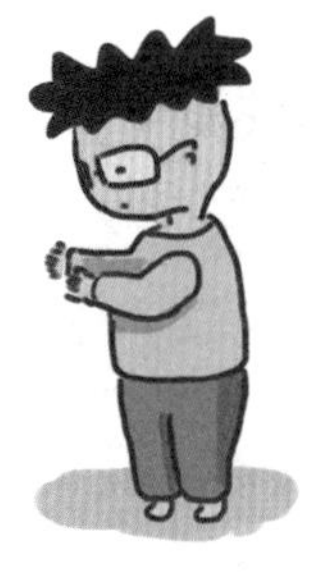

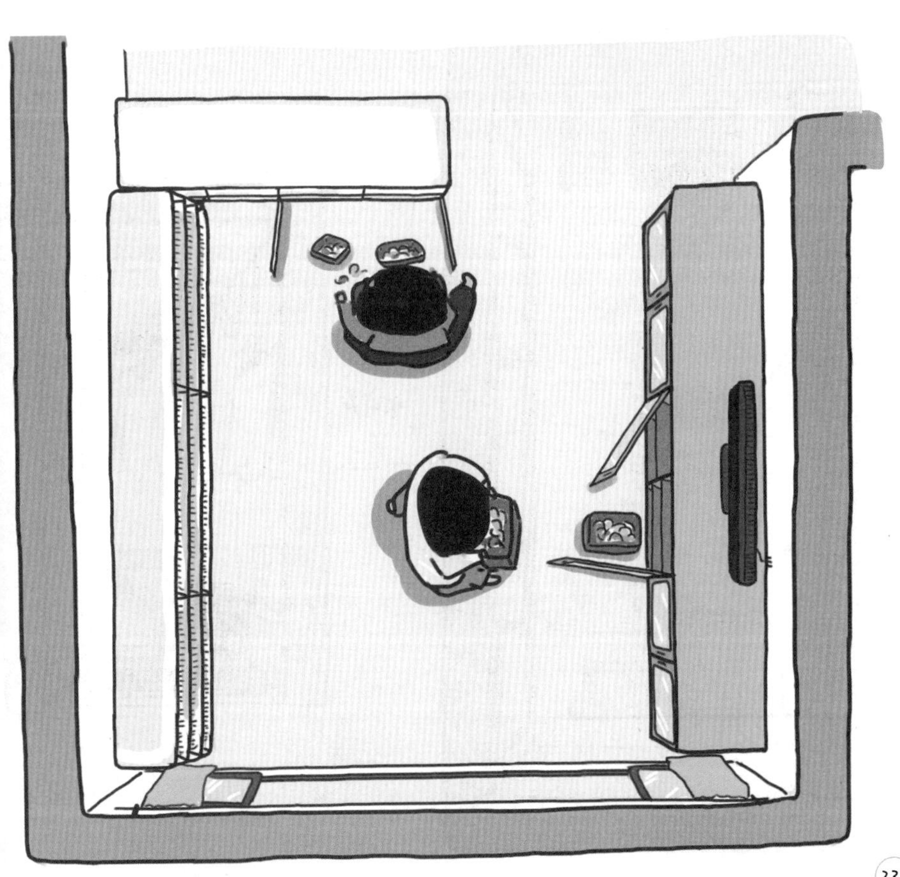

不定期去做：整理两个阳台

难得周末，
今天我要好
好打理我的
花花草草。

太好了，
你去整理阳
台，我来带
孩子们。

小家变整洁，过年无需大扫除

年末只需做的事
就是和家人一起迎接新年

写好“应清洁”家务会变少

打扫清洁
能不能简单一点？

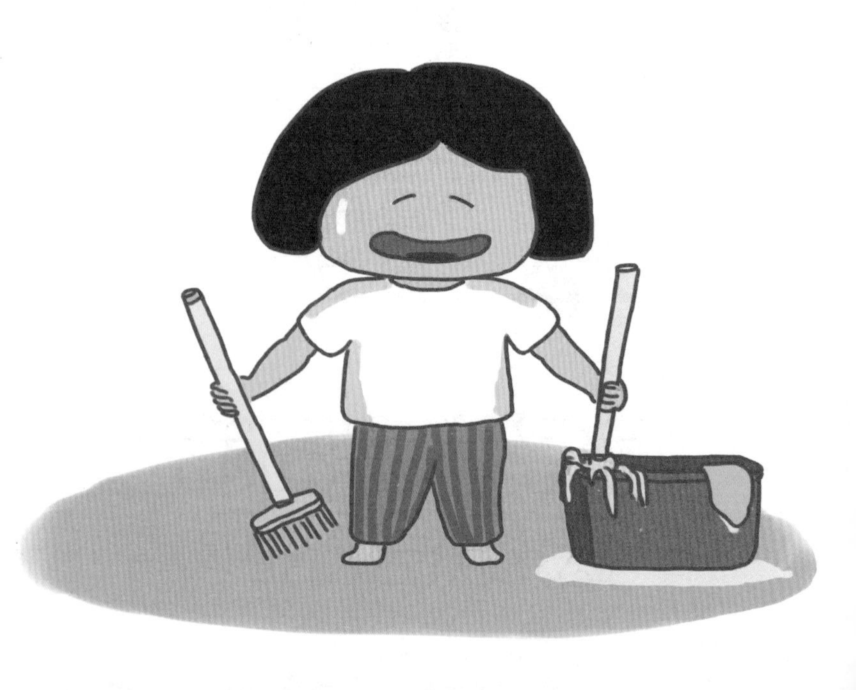

每天都在做重复的家务活。
想要轻松不容易啊！

可现实……

光是拿清洁用具就浪费很多时间

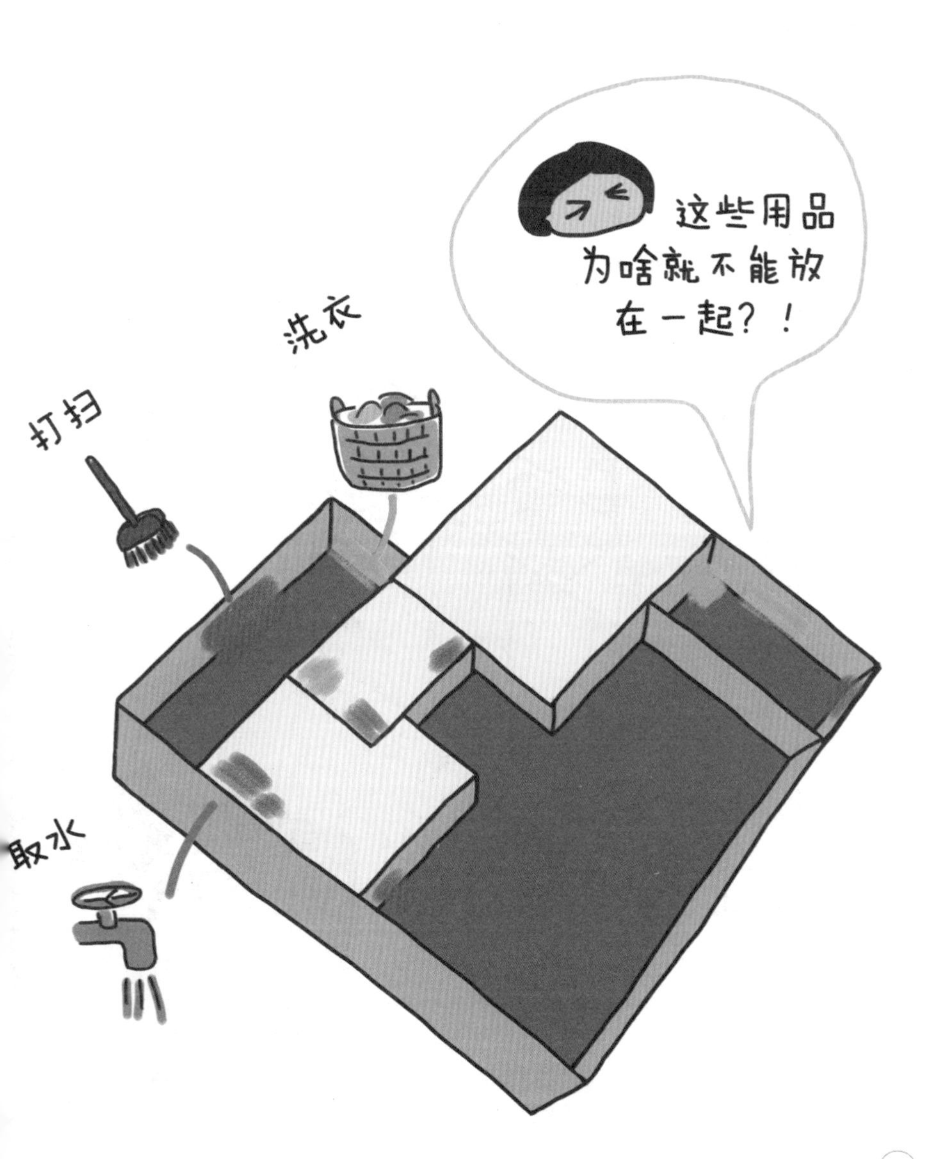

好想要豪华大阳台
全部家务在这搞定

或者向日本主妇看齐

专门腾出一间房做家务

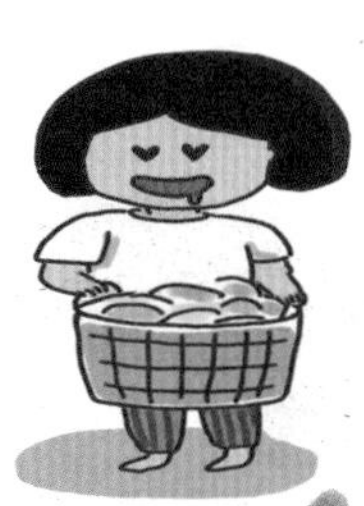

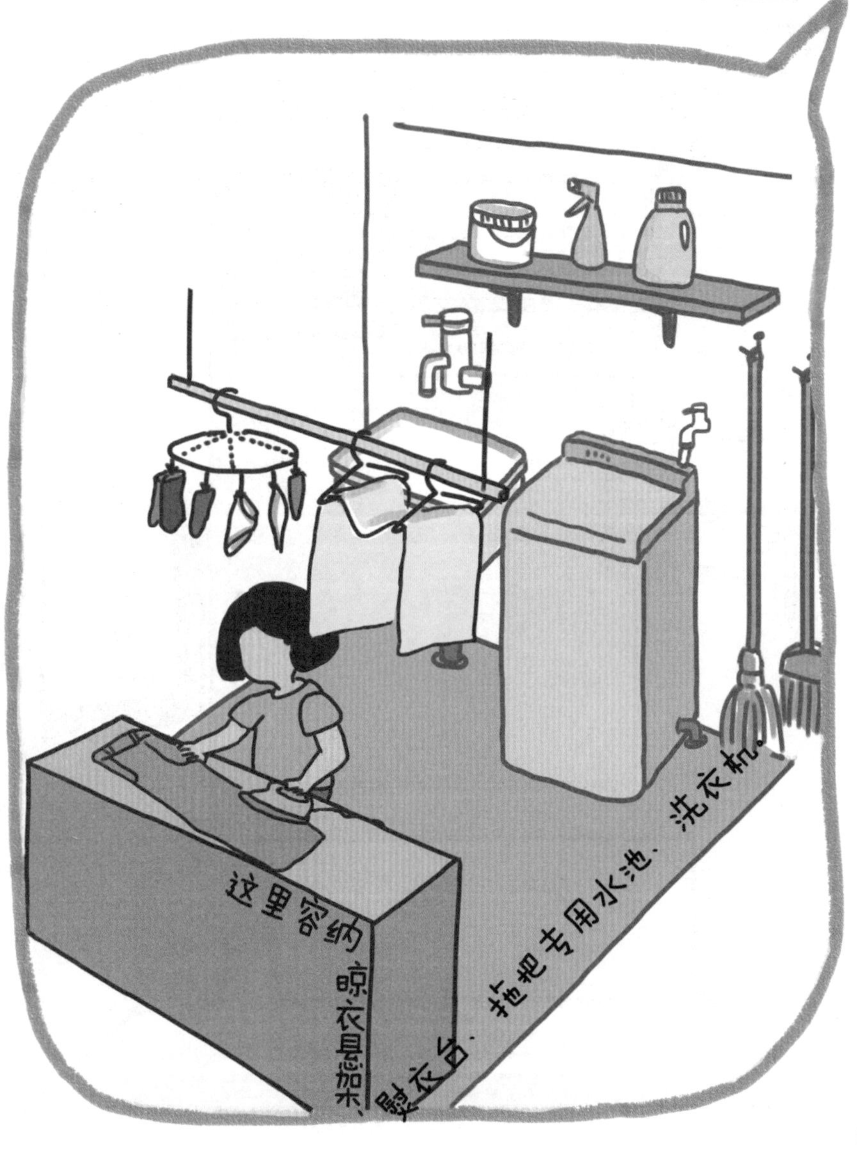

这里容纳晾衣悬架、熨衣台、拖把专用水池、洗衣机。

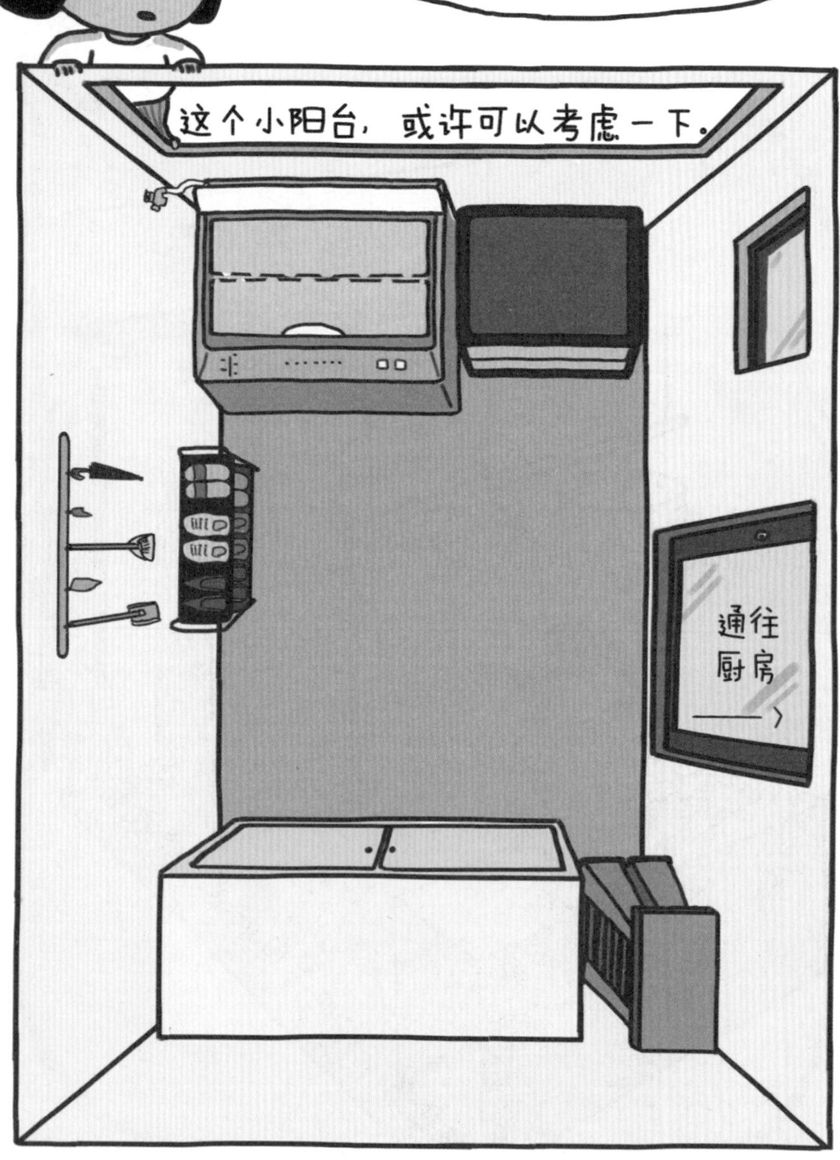
咱家本来就小，
想要间家务室谈何容易
这个小阳台，或许可以考虑一下。
通往
厨房

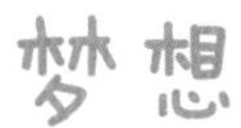
梦想

理想的洗衣台
好像咱家
摆不下这款洗衣台。

现实
这点剩余空间，连小型储物架子都放不进。

量一量，
剩余宽度还有30+
公分哟~
10
20
30

把储物柜塞进来，
洗衣机管道放哪？

拿走底层抽屉，
廉价收纳柜变身为超好用的洗衣台。

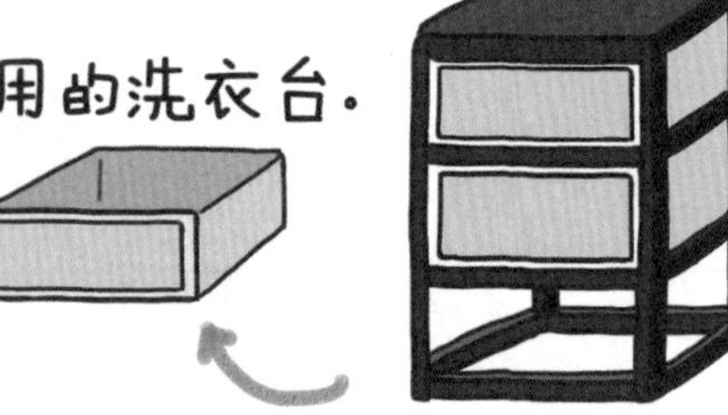

没办法拥有豪华洗衣台

但可以有整洁洗衣角

收纳柜只需三层：

（1）顺手可取的洗涤剂

（2）需要避光收纳的消毒水

（3）洗涤用具囤货

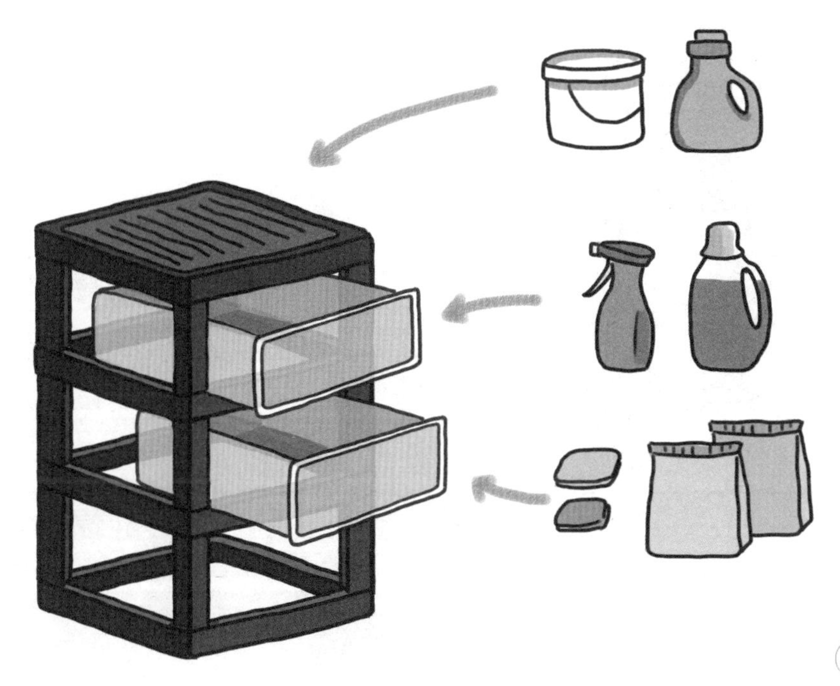

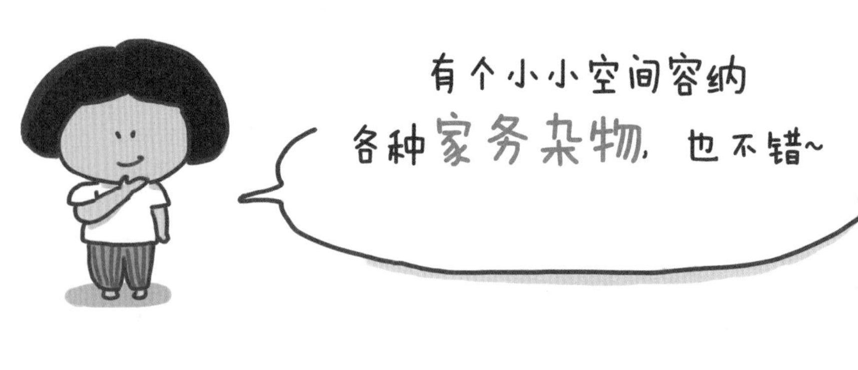
有个小小空间容纳
各种家务杂物，也不错~

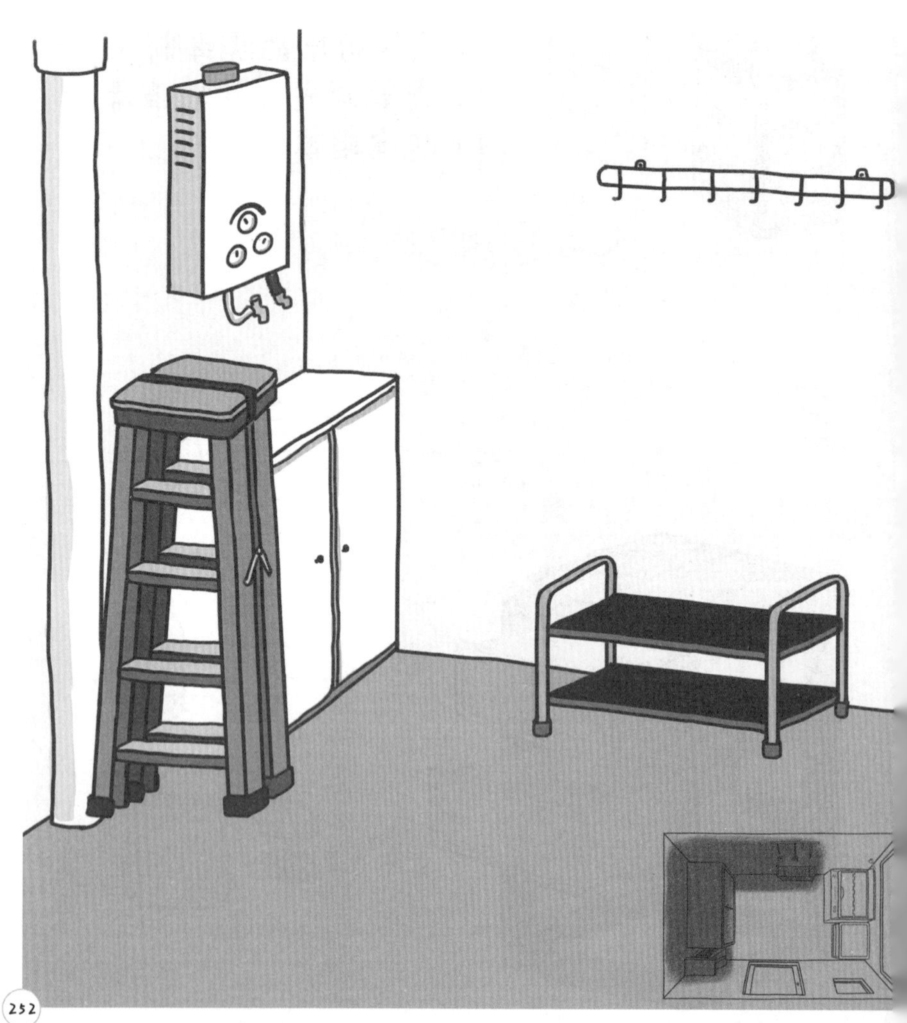

拖把、抹布终于有自己的"家"，
不用到处藏。

如果打扫工具能再精简点就完美了

只需一块拖把一块布
家庭打扫够用了

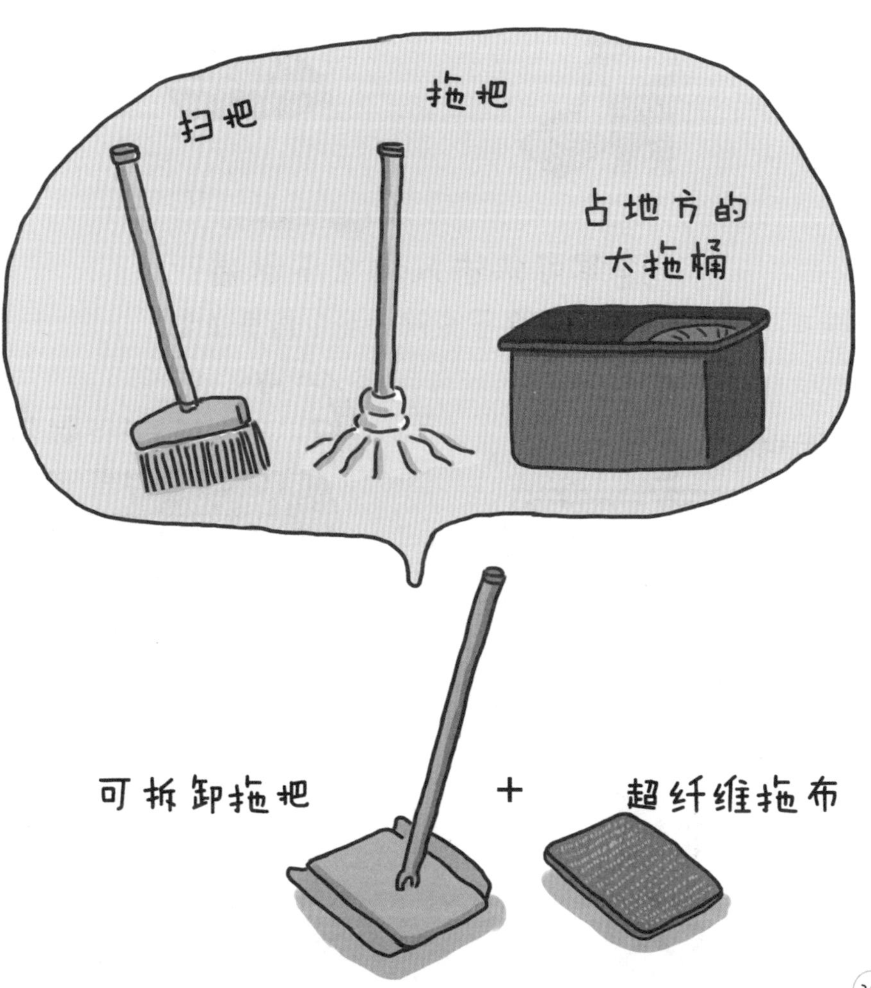

使用新式拖把的"麻烦"

意外地改善家务流程

渣滓可以进入哪个下水道？

（拖布只能在带滤网的洗手盆里清洗）

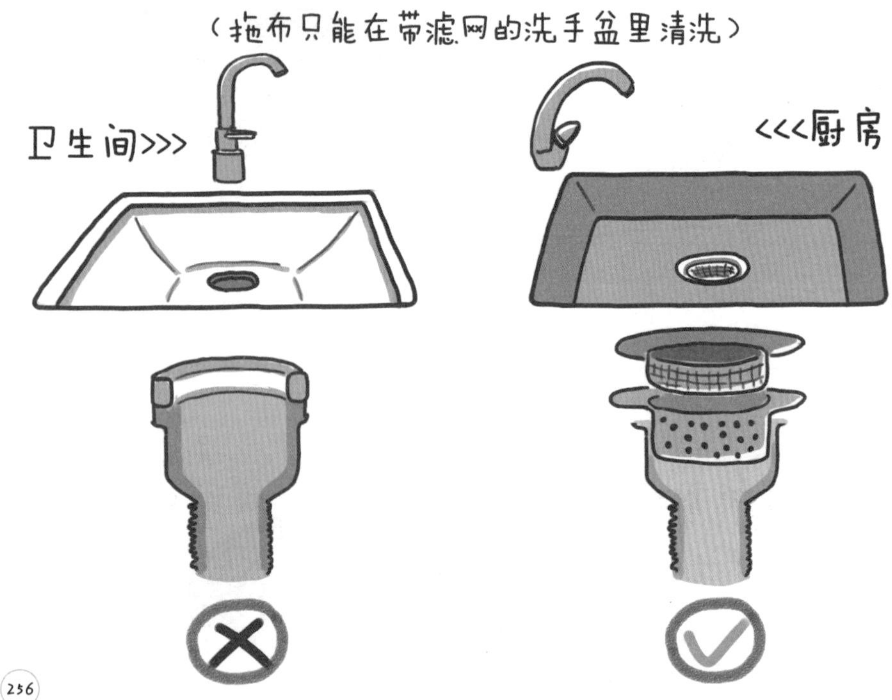

咱家只能选择

在厨房里清洗拖把

打扫完毕后

顺手放回厨房旁边的小阳台

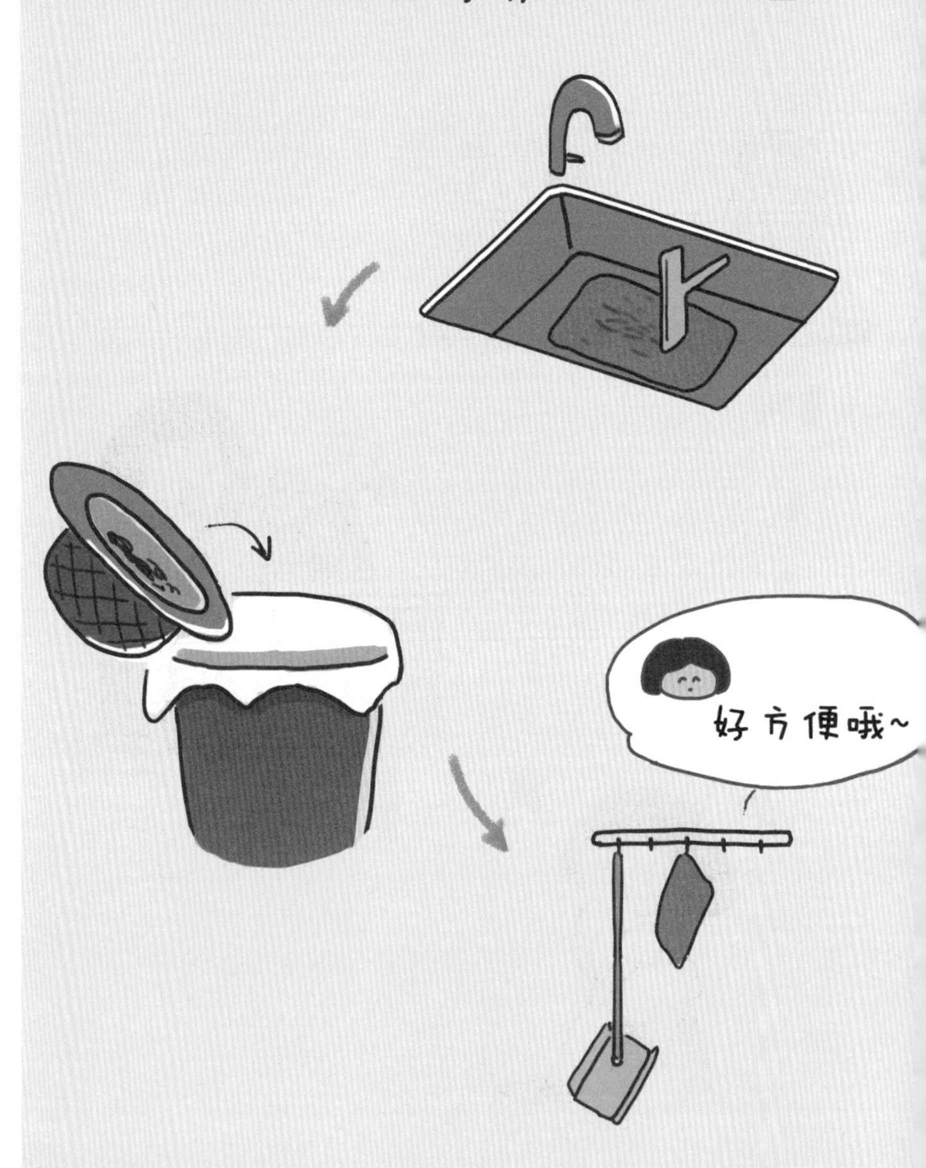

归位
开始
洗衣
收衣服
晾衣
打扫
卫生间
整理客厅
理灶台
在厨房
洗拖布
拖地
因为拖把的缘故
每天家务
从小阳台开始
动线流畅

今天家务做完了，爽！
虽然咱家没有豪华大阳台，
也没有专门一间房容纳家务杂
但有这个小阳台，
做家务的人会感到幸福。

适当“断舍离”心情美滋滋

家里到处都是玩具
一点都不好看！

来一场玩具
寻宝游戏吧！

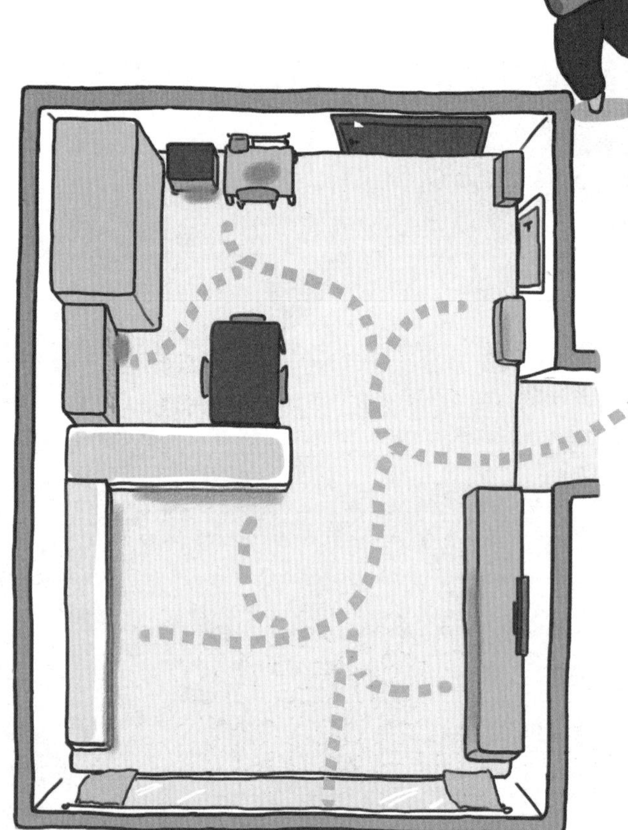

多方便打扫呀~

站在大人的高度来看
拥挤的家必须集中收纳

以孩子的高度来看

小家并没有那么难看

欢迎来到儿童世界，
这里完全不拥挤。

跟着孩子趴着看

到处都是豪华远景

原来趴在地上看

阳台外满屏蓝天

孩子说，长得矮的好处是

可以在意想不到的地方画画

孩子说，坐在地板上
收纳柜就是他们的秘密基地

玩具放在哪里
哪里就是孩子们的天地

孩子们把玩具藏在卫生间里
别告诉妈妈哦！

妈妈不允许玩具带进卧室

然而....

只要我俩在，在哪儿都能玩

到处是玩具的好处是

争吵过后

各自躲在角落里

姐姐表示

随地有玩具，家里一点也不小

孩子与玩具，还是不要“断舍离”

继续让小家
每个角落都有得玩

暑假的某天中午……

小宝的玩具车掉入床底

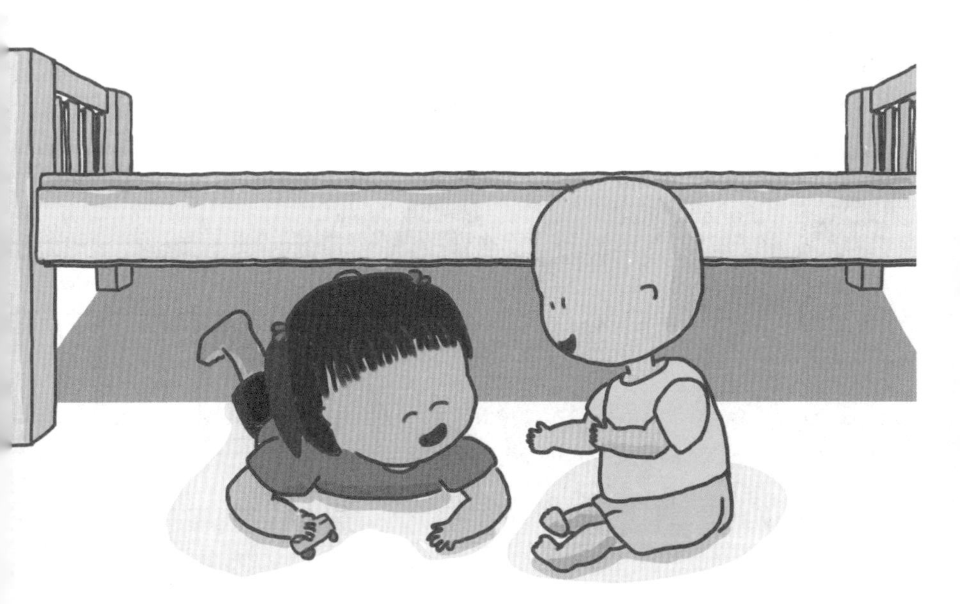

第一次实现床底空无一物
结果就被孩子玩坏了
哈哈哈哈！
姐姐给我！

回想以前
床底杂物越来越多

大尺寸画框

小时候的琴盒

露营帐篷

这些超出常规储物柜尺寸的杂物
最终会回到
床底

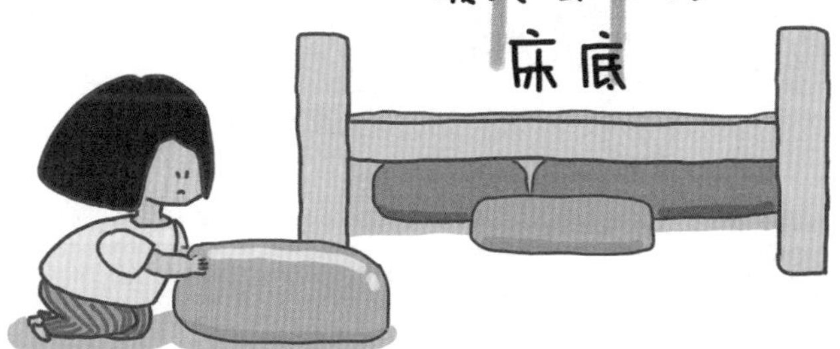

杂物无处可藏
但灰尘可以避免
透明薄膜

哈哈，多么整洁的床底！

然而……

没有人愿意打扫，没能力清理积灰

不想整理，索性清理掉床底杂物

整洁的床底
带来前所未有的享受！

将床铺床底恢复空无一物
是每天乐意去做的家务事

床铺也变
整洁哟~
床上用品
床铺变整洁
连蚊帐都可以收起来~~

《题外话》

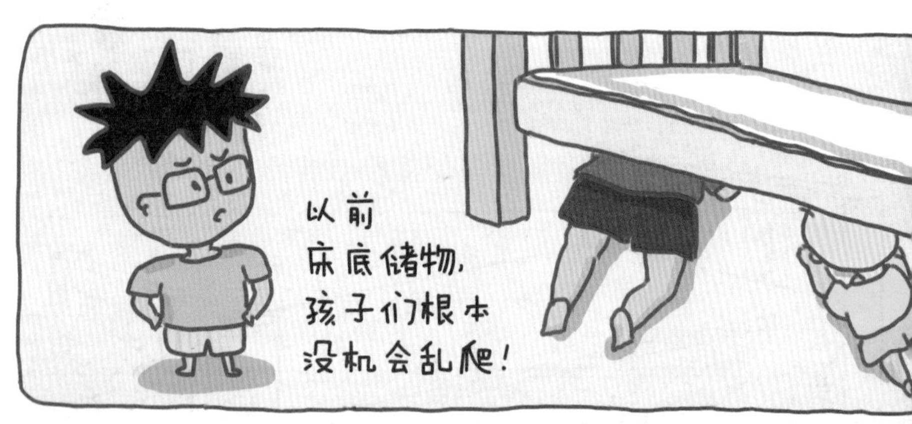
以前
床底储物，
孩子们根本
没机会乱爬！

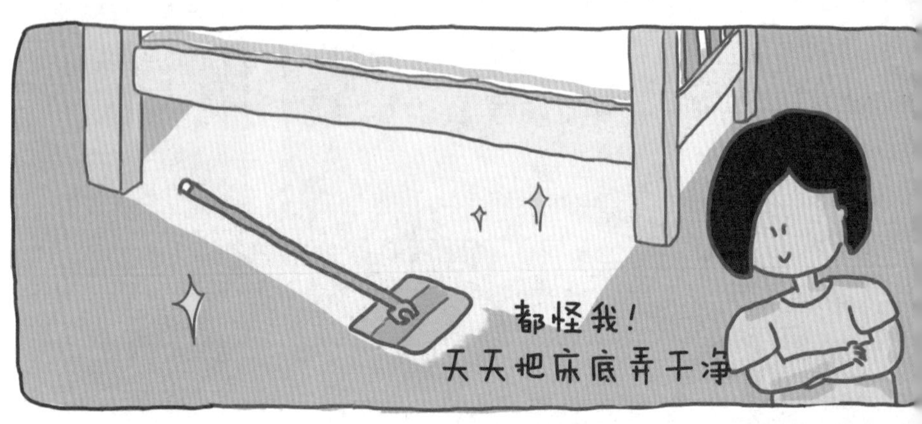
都怪我！
天天把床底弄干净

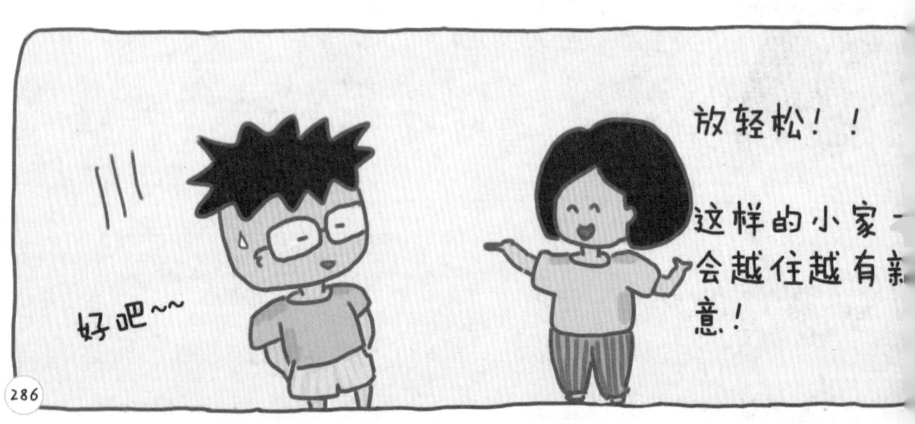
放轻松！！
这样的小家
会越住越有
意！
好吧~~

精心“细安排”
厨房能办公

在家带娃
最怕自己觉得自己没用

别人家的年轻妈妈：工作育儿两不误
在家办公
¥ ¥ ¥ ¥
开网店
带娃出差
我也要向她们看齐！

宝妈副业
从在家写作
开始!
零成本
OH YEAH!
笔记本电脑
数位板

家里那么小
连书房都没有
要不将就下
把餐桌用作书桌

很努力地工作中……
妈
妈
我也要玩
这是什么？

只要小捣蛋在身边
根本没办法
集中精神
那些成功妈妈
是怎么做到的？

好好好
妈妈陪你玩~~
此时此刻
心中一万个不愿意

只要孩子稍微安静点
我就继续工作

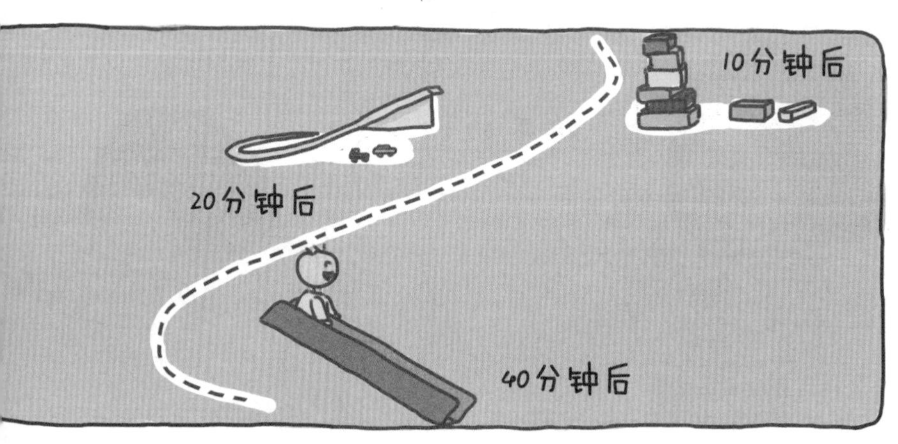
10分钟后
20分钟后
40分钟后

放弃吧！
在家带娃不会有时间搞副业。

不想放弃
等孩子睡着以后
也许会有自己
的空间
Zzz

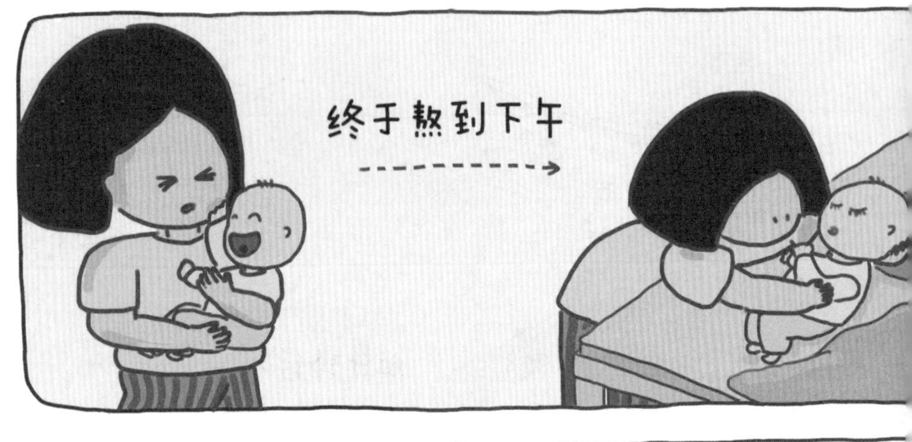
终于熬到下午

赶紧！
赶紧！！

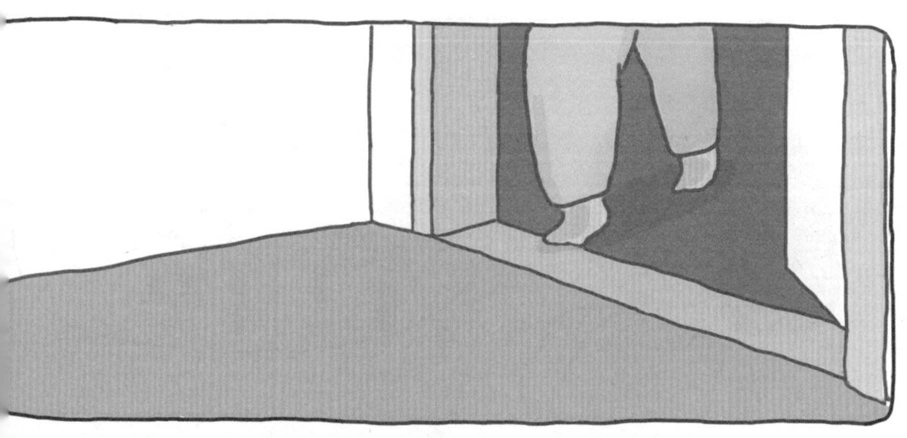

啊！！！
妈妈
在干什么？

明明就是
我的工作台嘛！
好不爽！

看来我得
再找时间和地方。

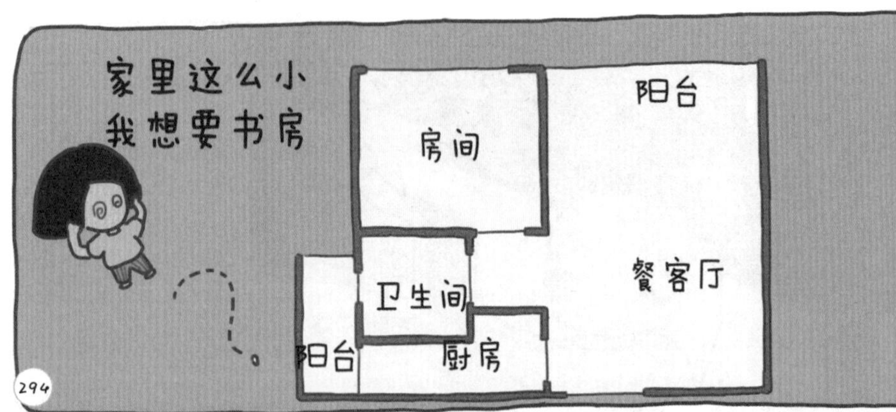
家里这么小
我想要书房
阳台
房间
餐客厅
卫生间
阳台
厨房

白天带娃没时间，

那等晚上全家睡着后吧……

孩子睡着了
要熄灯、保持安静

黑麻麻，咋整？

咦——

这块空白处，
工作刚刚好！

从此
我也有
专属
工作台

终于可以
一个人专心地工作

累了，就把厨房当茶水间
给自己来一杯现泡奶茶
牛奶
+
+
→

一个人独享一室
真的很舒（SHE）心（CHI）

蜗居在厨房写作
还不是因为家里太小，
连个独立书房都没有~~

时间一长
手脚会难受。

根本就是在自欺欺人
有条件住大房子的
谁会想要这样的“书房”

认真想想
我究竟是
想要专属
的空间
还是自由的时间?

就算房子不大
我仍有机会拥有
自己的世界

在家带娃
拥有私人时间更讨我欢心
一个人在厨房工作
挺好的！

后记

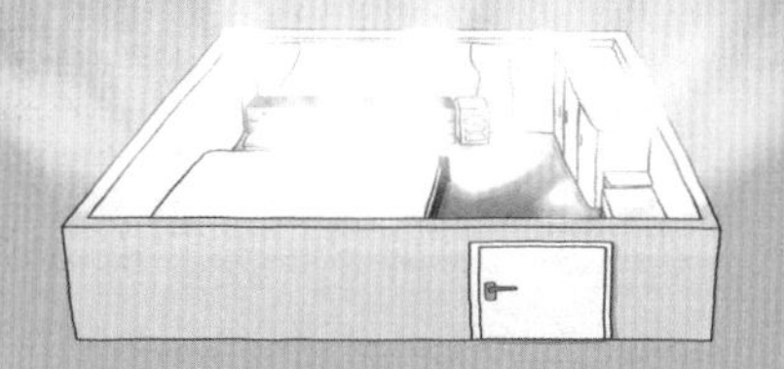

小家，再见！

过年前>>>

不知不觉一家人
住在这里3年了

大宝，6岁
即将上小学
小宝，3岁
即将上幼儿园

家庭会议
大宝和小宝
准备要去上学啦
得给他们专门腾两间房

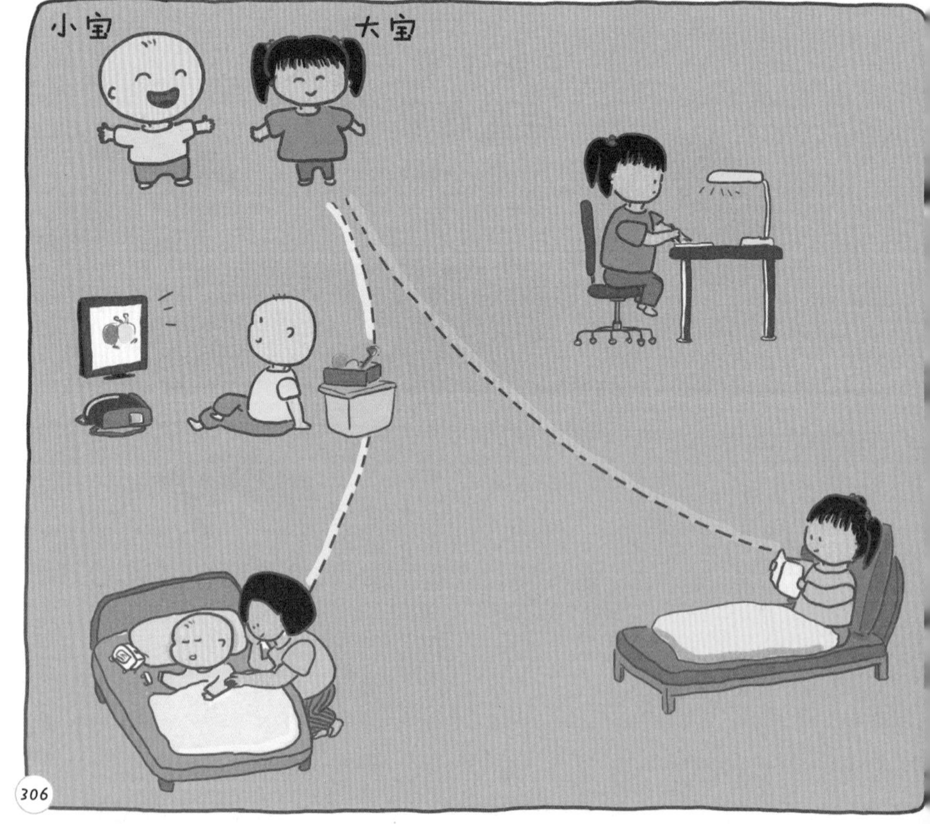
小宝
大宝

回想中……
住小房子好轻松
水电物管开支样样少

最大缺点是
孩子们把小家占满
可怜的我们~
哎！

没有更好的出路，
咱家换房吧！
必须的！

几个月后，新房到手
是时候要收拾家当
好多杂物啊
！！！

我要投降！
我不想收拾啊！
待整理的
保留的
舍弃的

打扫卫生，转换心情^_^

小家干干净净，让人心情愉悦。
哈，没想到这个火柴盒小家
满满是闪亮的回忆：

越想就越不舍
搬离这个小家……
小阳台
卫生间
卧室
大阳台
厨房
餐厅
客厅

万一接手的屋主不喜欢
这里原来的样子
拆拆拆
全拆重新装修!
万一孩子们不喜欢
新家

越想越郁闷!
越想越不愿搬家!
怎么办?

最郁闷的时候恰好不能出门
什么事都做不了
反正在家无聊
搞卫生打发时间也好

除污三剑客
铁丝球
洗洁精
超纤抹布
平时“看不见”的污垢

住了这么多年
第一次用心擦污垢~~

虽然比不上新装修的，
但绝对比刚搬进来还要闪亮！

这么多年都没发现
小家是碧玉^_^
平日的打扫
差远了

把全屋打扫进行到底！
玻璃趟门
有些碎屑一直没清理

一直想清理这些灰屑
但一直拖延至今
湿纸巾>>>

妈妈
我们也来帮忙！
<<< 窗刮

又是一个
闪闪亮的小家角落！

我回来啦！
快来看看
今天是有史以来家里最干净的一天！

哈哈哈！都准备要搬走，家里反而更整洁了。

不知道将来这里会变成什么样子

至少我们一家四口，
会记得这间小屋每一个整洁的角落。

下一个小家
会是什么样呢？
好期待哦！

还有我们呀！

图书在版编目（CIP）数据

小房子住成大豪宅 / 郑一文 绘著 .— 武汉：长江文艺出版社，2020.11

ISBN 978-7-5702-1869-1

I. ①小… II. ①郑… III. ①家庭生活 - 通俗读物 IV. ① TS976.3-49

中国版本图书馆 CIP 数据核字 (2020) 第 197586 号

小房子住成大豪宅

郑一文 绘著

选题产品策划生产机构 | 北京长江新世纪文化传媒有限公司

总 策 划 | 金丽红 黎 波

责任编辑 | 王赛男　　装帧设计 | 郭 璐　　责任印制 | 张志杰 王会利

助理编辑 | 董铮铮　　内文制作 | 张景莹　　版权代理 | 何 红

法律顾问 | 梁 飞　　媒体运营 | 刘 冲 刘 峥 洪振宇

选题经纪机构 | 行距文化　　选题经纪 | 武新华

总 发 行 | 北京长江新世纪文化传媒有限公司

电 话 | 010-58678881　　传 真 | 010-58677346

地 址 | 北京市朝阳区曙光西里甲 6 号时间国际大厦 A 座 1905 室　　邮 编 | 100028

出 版 | 长江出版传媒 | 长江文艺出版社

地 址 | 湖北省武汉市雄楚大街 268 号湖北出版文化城 B 座 9-11 楼　　邮 编 | 430070

印 刷 | 天津盛辉印刷有限公司

开 本 | 889 毫米 ×1194 毫米 1/32　　印 张 | 10.25

版 次 | 2020 年 11 月第 1 版　　印 次 | 2020 年 11 月第 1 次印刷

字 数 | 30 千字

定 价 | 59.00 元